灾害风险评估方法及实证研究

吕娟　屈艳萍　苏志诚　著

长江出版社
CHANGJIANG PRESS

图书在版编目(CIP)数据

旱灾风险评估方法及实证研究 / 吕娟, 屈艳萍, 苏志诚著. 一武汉：长江出版社，2019.1

ISBN 978-7-5492-2998-7

Ⅰ.①旱… Ⅱ.①吕… ②屈… ③苏… Ⅲ.①旱灾一风险评价一研究 Ⅳ.①P426.616

中国版本图书馆 CIP 数据核字(2018)第 229859 号

旱灾风险评估方法及实证研究　　吕娟 屈艳萍 苏志诚 著

责任编辑：张蔓

装帧设计：刘斯佳

出版发行：长江出版社

地　　址：武汉市汉口解放大道 1863 号　　邮　　编：430010

网　　址：http://www.cjpress.com.cn

电　　话：(027)82926557(总编室)

(027)82926806(市场营销部)

经　　销：各地新华书店

印　　刷：武汉科源印刷设计有限公司

规　　格：880mm×1230mm　1/16　10.75 印张　235 千字

版　　次：2019 年 1 月第 1 版　2019 年 3 月第 1 次印刷

ISBN 978-7-5492-2998-7

定　　价：48.00 元

前　言

干旱是地球上的一种自然现象，在全球各大洲均有发生。自有人类社会以来，干旱就如影随形，影响着人们的生活。从古至今，干旱不断给人类社会带来不利影响，如人畜饮水困难，粮食减产或绝收，生态退化或沙化等。至近现代，随着人类经济社会的快速发展，干旱对人们生活、生产的影响仍然日益严重。但是，人类对干旱的认识却十分有限，尚需研究解决的问题还有许多。

我国是一个干旱易发的国家。历史上，长时间、大范围干旱不仅造成粮食减产，还导致经济衰退、人口锐减，甚至朝代更迭，如著名的明末崇祯大旱和清光绪初年大旱，均曾是王朝衰败和社会动乱的重要因素之一。新中国成立以来，我国开展了大规模的水利工程建设，抗旱能力不断提升，再也没有发生过因旱饿死人、因旱渴死人的现象。但是，由于城市化进程的加快和人口的急剧增加，经济社会对水资源的需求量也在不断增加，导致水资源的供需矛盾突出，农业、城市、生态等用水对象抗御干旱的能力下降，区域性因旱粮食减产、城镇缺水、生态缺水成为常见现象。

在防旱减灾方面，以美国、澳大利亚为代表的发达国家于20世纪80、90年代提出了旱灾风险管理理念，就是以降低旱灾风险为出发点，对旱灾的灾前、灾中、灾后全过程进行跟踪应对，谋求最大限度地减轻旱灾损失和影响的策略，如灾前分析、预测干旱的发生、发展规律，灾中评估干旱可能造成的损失和影响，并优化组合各类抗旱措施，灾后对减灾行动和效果进行评价的全过程。但是在我国，受历史条件、认知水平和技术手段等的限制，以往的防旱抗旱减灾行动多处于临时应对的危机管理状态，就是当旱灾临近甚至发生后才开始做出反应，结果必定是减灾效果不理想，尤其是无法应对大范围长历时旱灾。当前，国家对粮食安全、供水安全和生态环境安全提出了很高的要求，旱灾是主要制约因素之一，因此迫切需要加强旱灾的风险管理。2003年，我国国家防汛抗旱总指挥部提出了防汛抗旱“两个转变”的战略指导思想，即由控制洪水向洪水管理转变、由单一抗旱向全面抗旱转变，开始逐步推行旱灾风险管理。但总体来说，我国的旱灾风险还是处于起步阶段，还有许多科学问题需要研究解决，如干旱监测预警、旱情预测预报、旱灾风险评估、旱灾风险调控等。

旱灾风险评估是旱灾风险管理的核心内容和关键环节。由于干旱具有影响因素众多、形成机理复杂、影响范围较广等特点，人们对于干旱的认识尚没有达成广泛的共识，同样，研究者对于旱灾风险也没有给出统一的定义，有关旱灾风险评估技术研究也还处于起步阶段。为此，本书从构建旱灾风险评估基础理论入手，结合多年的研究，分别针对基于区域灾害系统理论的旱灾风险评估方法、基于概率统计理论的旱灾风险评估方法、基于干旱事件过程的旱灾风险评估方法和动态旱灾风险评估方法进行了方法及实证研究，以期为旱灾风险管理提供技术支撑。

本书共分5章，其中，第1章由吕娟、屈艳萍、苏志诚执笔；第2章由高辉、屈艳萍、马苗苗、吴玉成、杨晓静执笔；第3章由苏志诚、孙洪泉、王亚许、宋文龙、张学君执笔；第4章由屈艳萍、王亚许、李哲执笔；第5章由屈艳萍、苏志诚、孙洪泉执笔。全书由吕娟、屈艳萍、苏志诚策划并统稿。

本书中的研究内容得到了国家防汛抗旱总指挥部办公室的支持，受到了国家重点研发计划重大自然灾害专项“大范围干旱监测预报与灾害风险防范技术和示范”项目第四课题“农业、城市、生态等不同承灾对象旱灾风险动态评估技术”(2017YFC1502404)和中国水利水电科学研究院基本科研业务费项目(JZ0145B752017、JZ0145B582017)等项目的资助。

由于作者的理论水平和专业知识有限，书中恐有错漏和不妥之处，恳请各位读者批评指正。

作 者

2018年8月

目　录

第 1 章　旱灾风险评估基础理论

1.1　旱灾相关概念界定及形成机制分析

旱灾是地球上最复杂且被人们认知最少的自然灾害之一，世界上一些国家对干旱及其灾害的研究已有百余年的历史。我国是旱灾频发的国家，每年都有区域干旱发生，平均每 2～3 年就有大旱发生。21 世纪初，相继发生了 2000—2001 年全国大旱、2006 年川渝大旱、2009 年初北方冬麦区冬春旱、2010 年西南五省区大旱以及 2011 年长江中下游大旱等，引起了社会各界的广泛关注。然而，在一些媒体报道和相关研究中时常出现一些将干燥、干旱、旱情和旱灾等相关概念混淆的现象。因此，本书首先对干燥、干旱、旱情和旱灾等概念进行了梳理，以便于读者对后面研究内容的理解。

1.1.1　干燥概念及其形成机制

1.1.1.1　干燥概念(Arid)

干燥(Arid)是指由气候、海陆分布、地形等相对稳定的因素在某一相对固定地区形成的常年水分短缺现象，是某一地区的长期气候特征，就是我们通常所说的干旱地区和半干旱地区，如我国西北内陆地区。干旱地区、半干旱地区遍及全球 50 多个国家和地区，在除寒带外的各气候带均有分布。

1.1.1.2　干燥形成机制

干燥作为某一地区长期的气候特征，其形成主要受大气环流以及地形和海陆分布的影响，参见图 1.1。大气环流是大范围的大气层内具有一定稳定性的各种气流运行的综合现象，是完成地球—大气系统角动量、热量和水分的输送和平衡，以及各种能量间的相互转换的重要机制，又同时是这些物理量输送、平衡和转换的重要结果，是构成全球大气运动基本形势并形成全球气候特征的主要因子。当副热带高压或其他大气环流原因导致持续、宽广的下沉气流终年控制一个地区时，该地区持续干燥少雨，就逐渐形成永久性干旱区和沙漠。地球上主要沙漠带即位于这种下沉气流下面，如墨西哥和美国西南部的索诺拉沙漠、撒哈拉至亚洲西南部的沙漠带、西南非洲的卡拉哈里沙漠和澳大利亚沙漠等，这些沙漠与位于南北半球的 33°附近的最大下沉气流位置非常接近。有些内陆地区距离水源地十分遥远，或饱含水汽的气流长途跋涉、途经干旱沙漠地带，或潮湿气流被巨大的山脉所阻挡等，也是形成气候干燥的直接原因。新疆吐鲁番盆地的托克逊是我国最干燥的地区，年平均降水量为5.9mm，年均降水日数为8.3天，就是由于吐鲁番盆地深居欧亚大陆腹地，远离海洋，而托克逊又位于吐鲁番盆地的西缘，四周环山，山地高度从海拔千米以上到四五千米不等，从东南与西北海洋上吹来的湿热空气都很难到达。

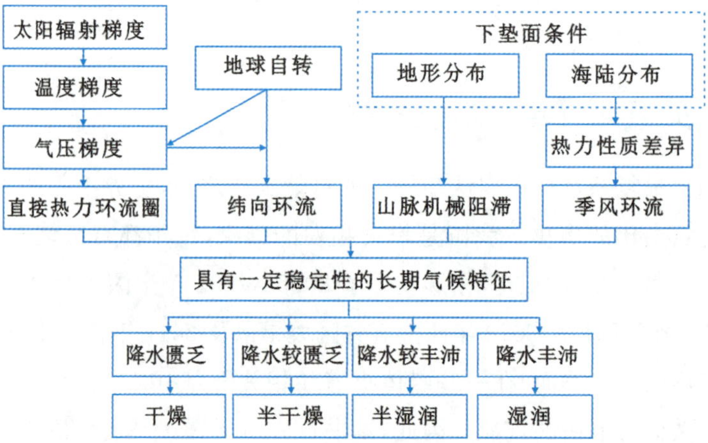

图1.1 干燥形成机制

1.1.2.3 干燥基本特征

1. 确定性

从发生概率上来说，干燥具有确定性。在前文中，已经指出干燥是指由气候、海陆分布、地形等相对稳定的因素在某一相对固定地区形成的常年水分短缺的现象。因此，对于某一地区来说，该地区是否干燥，什么时间比较干燥，都是确定的。

2. 长期性

从时间维度上来说，干燥具有长期性。干燥作为某一地区长期的气候特征，其形成主要受大气环流以及地形和海陆分布的影响。而大气环流、地形及海陆分布的形成往往都是以亿年来计算的，因此，某一地区干燥与否，是一个长期的气候特征。

3. 固定性

从空间维度上来说，干燥具有固定性。上面也已经说到，干燥主要受大气环流以及地形和海陆分布的影响，由此形成的干燥空间分布也是相对固定的。

1.1.1.4 干燥表征及度量方法

1. 干燥的函数表达

由干燥形成机制的分析可知，其形成主要受大气环流以及地形和海陆分布的影响，但不论是哪种因素为主造成的干燥，其直接表现都是降水长期匮乏，因此，可以认为干燥的严重程度直接与长期的降水量相关。考虑到气象水文现象都是以年为周期周而复始，干燥度量的时间尺度也多为年尺度。干燥度量的概念函数如下：

$$S_{\text{Aridity}}=f(P) \tag{1.1}$$

式中：S_{Aridity} 为干燥的严重程度；P 为某地区年降水量。

2. 干燥度量指标

要客观反映某地区长期干湿状况，选用合适的干燥评价指标非常关键。国内外有关干燥的评价指标较多，如年降水量、干燥度比率、湿润指数、干燥度指数等，这些指标研究较成熟，应用较广泛，普遍被人们所接受，指数之间具有较好的一致性，且在不同地区之间具有可比性。

(1)年平均降水量。

年平均降水量是表征某地区气候干湿状况最直观、最简便的指标。国际上，将年平均降水量少于250mm的地区称为干旱地区；年平均降水量250～500mm的地区称为半干旱地区；年平均降水量500～750mm的地区称为半湿润地区；年平均降水量750mm以上的地区称为湿润地区。

(2)干燥度比率。

一般情况下，干燥地区的辐射能量供应是过剩的，而降水量不足。基于此，1958年苏联学者布德科提出用辐射能量同水的蒸发潜热与降水量积的比值，即干燥度比率 D，来评价气候干旱的程度，其表达式如下：

$$D=\frac{R}{LP} \tag{1.2}$$

式中：D 为干燥度比率；R 为地面平均年净辐射，即太阳和大气给地面的辐射与地面发射的辐射之差；L 为水的蒸发潜热；P 为年平均降水量。

干燥度比率表示某地区地面净辐射能量收入可以蒸发掉几个平均年降水量，具有物理意义明确、简单的优点。根据干燥度比率划分干湿气候标准如下：$D>10$ 为干旱区和极端干旱区；$D=2\sim10$ 为半干旱区；$D=1\sim2$ 为半湿润区；$D<1$ 为湿润区。研究指出，利用干燥率比率绘制的气候分区界限与利用年均降水量绘制的气候分区界限大致接近。

(3)湿润指数。

1994年通过的《联合国防治荒漠化公约》中，采用桑斯威特湿润指数 I_m 来进行气候干湿分区，其表达式如下：

$$I_m=\frac{P}{E_p} \tag{1.3}$$

式中：I_m 为湿润指数；P 为降水量；E_p 为可能蒸散量。

可能蒸散量是在给定的气候条件下，有充足的水分供应满足地面植物最大生长时，土壤水分以水汽形式失去的最大可能的数量。根据湿润指数划分干湿气候标准如下：$I_m<0.05$ 为极端干旱区；$I_m=0.05\sim0.20$ 为干旱区；$I_m=0.21\sim0.50$ 为半干旱区；$I_m=0.51\sim0.65$ 为亚湿润干旱区；$I_m>0.65$ 为湿润区。

1.1.2 干旱概念及其形成机制

1.1.2.1 干旱概念(Drought)

关于干旱的定义有100多种,最早可以追溯到1894年,美国学者Abbe在《Monthly Weather Review》杂志上发表论文首次明确提出的干旱即"长期累积缺雨的结果"。这种以降水为标志,强调干旱的自然属性,认为干旱是一种累积降水量比期望的"正常值"偏少的现象的思想一直影响至今,如美国国家海洋和大气管理局(NOAA,1954)定义干旱为严重和长时间的降水短缺;世界气象组织(WMO,1986)定义干旱为一种持续的、异常的降水短缺;联合国国际减灾战略机构(UNISDR,2005)定义干旱为在一个季度或者更长时期内,由于降水严重缺少而产生的自然现象;欧洲干旱中心(EDC)定义干旱为一种持续性的、大范围的、低于平均水平的天然降水短缺事件。

尽管上述各种干旱定义的表述有所不同,但核心内容都是天然降水短缺现象,都是从气象过程考虑干旱问题。但是,随着研究的深入,越来越多的研究认为气象过程只是完整水循环过程中的一个部分,仅仅从气象过程研究干旱问题割裂了水循环的整体性。所谓完整的水循环,包括大气过程、土壤过程、地表过程、地下水过程,其中大气过程是传统气象气候学的关注焦点,土壤过程是传统农学的关注焦点,地表过程是传统水文学的关注焦点,地下过程是传统水文地质学的关注焦点。考虑到干旱是自然水循环过程的极端事件,水循环中任一过程的水分亏缺都可能造成干旱,因此需要从水循环全过程来研究干旱。本书中将干旱定义为:某地理范围内因降水在一定时期持续少于正常状态,导致河流、湖泊水量和土壤或者下水含水层中水分亏缺的自然现象。

1.1.2.2 干旱形成机制

作为从变率意义上考虑的临时性现象,干旱是大气环流和主要天气系统持续异常的直接反映,季风的强弱、来临和撤退的迟早以及季风期内季风中断时间的长短与干旱也有直接关系。大气环流异常是指某些大气环流系统的发展、相互配置和作用、强度和位置等发生异常变化,是决定大范围旱涝出现的直接原因。季风环流的异常,通常指季风来临的时间、位置、进退速度以及强度较常年发生较大变化,往往是季风区旱涝频繁的直接原因。此外,鉴于大气变化的非绝热性,外部的强迫如热力影响,特别是下垫面热状况,如海洋热异常、陆面积雪等都有可能引起干旱。除上述因子外,太阳活动、火山活动、地球自转速度、地极移动等变化与旱涝也存在一定关系。

大气环流异常或季风环流异常导致某地区降水较正常状态偏少,当偏少程度和持续时间达到一定程度时,意味着气象干旱发生。由于降水是下垫面水分最主要的来源,气象干旱可能诱发水文干旱。在气象干旱初期,由于土壤的调蓄作用,土壤含水量不会立刻降低,但由于少雨常伴随着温度的升高,导致蒸散发的增强,包气带水分消耗加快。当气象干旱进一步蔓延加剧,在其他条件不变的情况下,一方面降雨产流可能随之减少,另一方面包气带水分继续消耗且得不到补充，土壤水分条件进一步恶化，汇流条件也可能随着削弱。产汇流的减少，直接影响河川径流的补给，导致江河湖泊等地表水体水量减少，进而影响地下水。干旱形成机制见图1.2，干旱的本质是水循环任意一个或几个环节出现水分亏缺，可表现为气象干旱（降水偏少）、农业干旱（土壤水分偏少）、水文干旱（径流偏少）等。

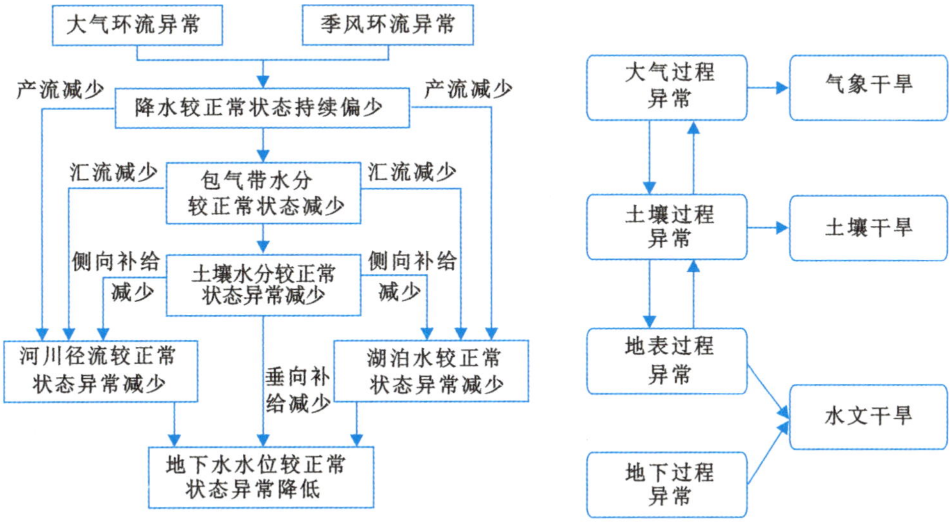

图1.2　干旱形成机制

1.1.2.3　干旱基本特征

1. 随机性

从发生概率上来说，干旱具有随机性。在前文中，将干旱定义为“某地理范围内因降水在一定时期持续少于正常状态，导致河流、湖泊水量和土壤或者地下水含水层中水分亏缺的自然现象”。可见，干旱是自然水循环过程的极值事件之一，是从变率意义上考虑的临时性水分短缺现象，一场干旱的持续时间、干旱的严重程度、干旱的影响范围都是随机变量，即干旱具有随机性。干旱可以发生在任何区域的任何时段，既可以出现在干旱或半干旱区的任何季节，也可发生在半湿润甚至湿润地区的任何季节。

2. 蠕变性

从时间维度上来说，干旱具有蠕变性。任何事物都有其发生、发展和消亡的过程，只是不同事物形成的过程有长有短，有缓有急。譬如，洪水往往形成较快，几天甚至几个小时之内就能形成。再如，飓风、地震的发生更快，可能几个小时甚至几分钟、几秒钟内。而相比之下，干旱的发生、发展过程要缓慢得多，通常需要几个月、数个季节甚至数年。干旱这种悄无声息地发生、缓慢发展的特性，通常称为蠕变性。干旱的时空特性见图1.3。

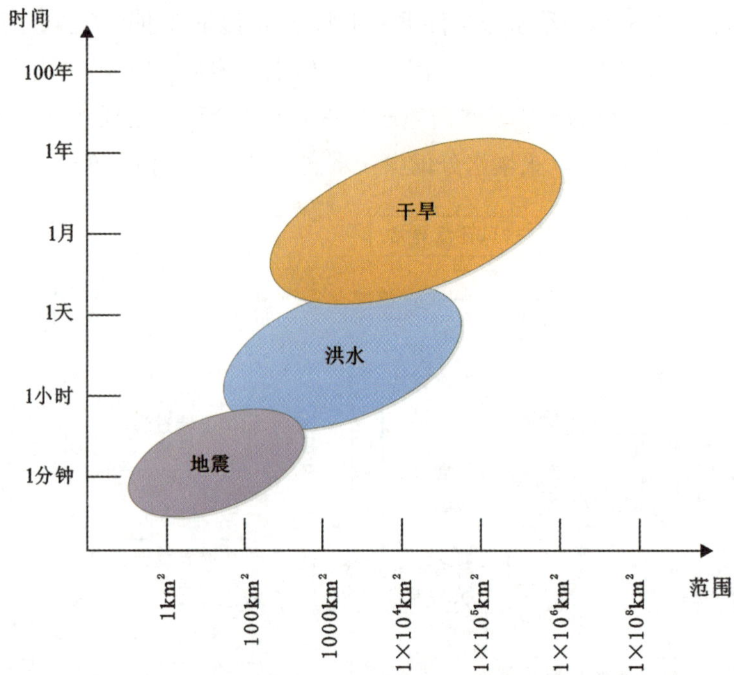

图 1.3　干旱的时空特性

3. 广泛性

从空间维度上来说，干旱具有广泛性。俗话说"洪水一条线，干旱一大片"，是指洪涝一般集中发生在一条狭长的地带，而一旦发生干旱，则往往影响范围较广。因为造成洪涝的暴雨主要发生在冷暖气团交汇的狭长的锋面地带，而造成干旱的降水偏少则是在范围广阔的单一气团内形成的，譬如中国北方大范围的春旱就是在大陆干暖空气的长期控制下形成的，南方的"伏旱"则是在太平洋的副热带高压控制下发展起来的。

1.1.2.4　干旱表征及度量方法

1. 干旱的函数表达

由干旱形成机制的分析可知，造成干旱的直接驱动因子是大气环流异常或季风环流异常，而其可能表现为包括大气过程、土壤过程、地表过程、地下过程在内的水循环任意一个或多个过程的水分亏缺。因此，干旱的度量函数有以下几种可能的表达形式：

$$S_{\mathrm{Drought}} = f(P) \tag{1.4}$$

$$S_{\mathrm{Drought}} = f(M_{\mathrm{soil}}) \tag{1.5}$$

$$S_{\mathrm{Drought}} = f(R_{\mathrm{surface}}) \tag{1.6}$$

$$S_{\mathrm{Drought}} = f(R_{\mathrm{ground}}) \tag{1.7}$$

$$S_{\mathrm{Drought}} = f(P, M_{\mathrm{soil}}, R_{\mathrm{surface}}, R_{\mathrm{ground}}) \tag{1.8}$$

式中：S_{Drought} 为干旱的严重程度；P 为某时段降水量；M_{soil} 为某时段土壤含水量；R_{surface} 为某时段地表径流量；R_{ground} 为某时段地下径流量。

干旱度量之所以有多种函数表达形式，正是由于不同地区干旱形成及影响因素不尽相同，度量干旱的指标也不一样，可能是单一的气象要素，也可能是单一的水文要素，还可能是两个或者多个要素的综合。

2. 干旱度量指标

干旱度量指标是表征某一地区干旱程度的标量，是干旱识别、干旱特征指标计算的重要基础。国外关于干旱指标的研究较早，不同学者从不同角度提出了许多干旱指标，如Munger指标、Kincer指标、Marcovitch指标、Blumenstock指标、相对湿度指数、Palmer干旱指数（palmer drought severity index，PDSI）、降水异常指数（rainfall anomaly index，RAI）、降水十分位数、Keetch-Byrum指标、Bhalme和Mooly干旱指数（BMDI）、地表水供水指数（surface water supply index，SWSI）、标准化降水指数（standardized precipitation index，SPI）、土壤湿度干旱指标（soil moisture drought index，SMDI）、标准化径流指数（standardized runoff index，SRI）、径流干旱指数（streamflow drought index，SDI）等干旱指标。我国对干旱指标的研究相对较晚，提出的指标也相对较少，代表性的有根据我国降水特征分布所提出的Z指数及综合气象干旱指数（CI）。干旱度量指标发展历程参见图1.4。

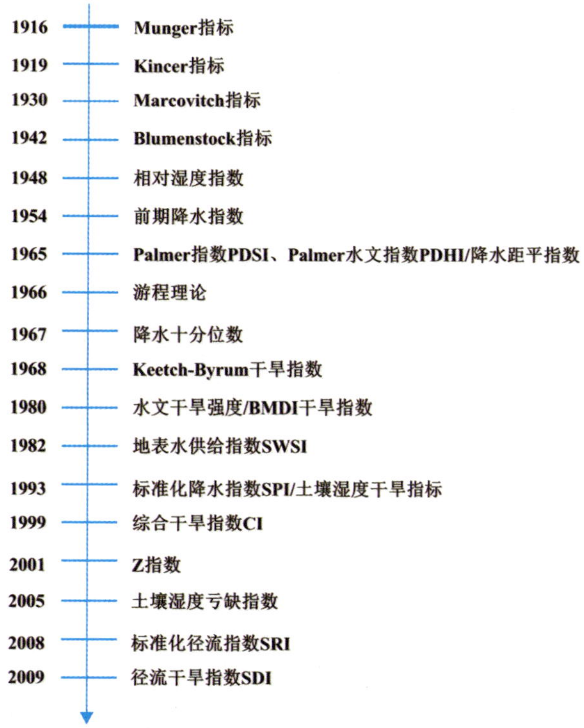

图1.4 干旱指标发展历程

1.1.3 旱灾概念及其形成机制

1.1.3.1 旱灾概念(drought disaster)

在一些期刊或报纸上，常常可以看到“发生了50年一遇的旱灾”的说法，这里所说的“50年一遇”其实是指天然降水偏少的程度，是干旱发生的频率，不是干旱造成的影响或损失的程度，这是由于对干旱与旱灾概念理解不清的结果。在下面章节中，本书已将干旱定义为：某地理范围内因降水在一定时期持续少于正常状态，导致河流、湖泊水量和土壤或者下水含水层中水分亏缺的自然现象。本书中，旱灾是指由于降水减少、水工程供水不足引起的用水短缺，并对生活、生产和生态造成危害的事件。

根据受灾对象的不同，可将旱灾划分为农业旱灾、城市旱灾和生态旱灾。农业旱灾是指作物生育期内由于受旱造成作物较大面积减产或绝收的事件。城市旱灾指城市因遇枯水年造成城市供水水源不足，或者由于突发性事件使城市供水水源遭到破坏，导致城市实际供水能力低于正常需求，致使城市正常的生活、生产和生态环境受到影响的事件。生态旱灾是指湖泊、湿地、河网等主要以水为支撑的生态系统，由于天然降雨偏少、江河来水减少或地下水位下降等原因，造成湖泊水面缩小甚至干涸、河道断流、湿地萎缩、咸潮上溯以及污染加剧等，使原有的生态功能退化或丧失，生物种群减少甚至灭绝的事件。

1.1.3.2 旱灾形成机制

根据区域灾害系统理论，形成旱灾必须具备以下三个要素：致灾因子、孕灾环境和承灾体，参见图1.5。这三个要素在旱灾的形成过程中缺一不可，只是对灾情程度起到的作用不同。

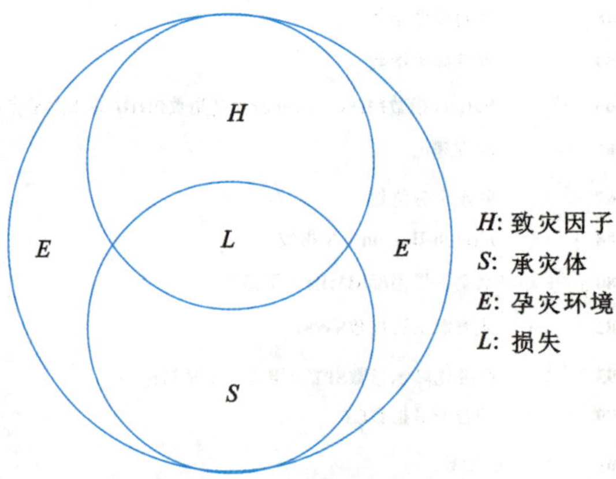

图1.5 旱灾系统构成要素

致灾因子是指直接引起人类及其经济社会、自然资源遭受损害的自然异常变化，对于旱灾而言，致灾因子是指直接引起人类及其经济社会、生态环境遭受损害的气象、水文等自然水循环要素异常偏少的不利事件，即上文所说的干旱。致灾因子的强度即干旱的强度，可以用时段降水量、降水距平百分率、降水十分位数、帕尔默干旱指数、标准化降水指数、地表水供水指数、标准化径流指数、径流干旱指数等干旱指标或相应的概率分布函数来反映。需要指出的是，致灾因子的强度并不能完全反映旱灾的程度。孕灾环境指旱灾孕育与产生的外部环境条件。狭义的孕灾环境主要指大气、水文、下垫面等自然环境，广义的孕灾环境则包括自然环境和社会环境，其中社会环境主要反映人类预防、调控、应对、减轻或加剧旱灾的活动。在整个灾害发生发展过程中，孕灾环境处于关键地位，一方面充当着孕育灾害的角色，另一方面又充当着致灾媒介的角色，它决定了灾害事件的类型与规模、承灾体可能面对的风险以及应对风险可能受到的制约。承灾体是在一定孕灾环境下致灾因子作用的客体，包括人类经济社会和生态环境。在特定的受灾区域，当致灾因子强度和孕灾环境大致相近的条件下，造成的财产经济损失程度随承灾体价值、数量的增大而增大。

1.1.3.3 旱灾基本特征

1. 渐进性和累积性

虽然旱灾并不等同于干旱，但干旱是旱灾的致灾因子，由于干旱具有悄无声息地发生、缓慢发展的特性，旱灾亦具有渐进性。旱灾是一种非突发性的渐进性灾害，其形成是一个逐步累积的缓慢过程。旱灾的形成，是由干旱所引起的，首先表现为资源问题，随着其发生发展，逐渐演变为灾害问题，且灾害影响具有时间累积效应。

2. 自然和社会双重属性

旱灾是干旱这种自然现象和人类经济社会活动共同作用的结果，是自然系统和社会经济系统在特定的时间和空间条件下耦合的特定产物，具有自然和社会双重属性。

旱灾的自然属性主要体现在两方面：首先，旱灾形成机制的自然性。自然水循环要素异常是旱灾的致灾因子，旱灾的强度也常常受制于自然水循环要素异常的程度。其次，旱灾分布特征的自然性。自然水循环要素异常是旱灾分布的重要背景因素之一，旱灾的时空分布规律常常与自然水循环要素异常的时间和空间分布密切相关。

旱灾的社会属性主要体现在以下三个方面：首先，旱灾形成机制的社会性。除了降水自然异常，人类大规模改造自然的行动，如滥伐森林、围湖造田、河湖排污、城市化等也是诱发或加剧旱灾的重要因素。近几十年来，越来越多的国家和地区遭受着愈加频繁的旱灾袭击，旱灾影响范围越来越广，程度也越来越重，灾害损失成几倍、几十倍地增长。很显然，单单从降水等自然异常来解释这一现象是片面的，因为尽管天然降水存在着较大的年际变化，但从一个时期来看，降水自然异常是相对稳定的，因此，更应该从人类社会本身来分析原因。总之，旱灾是多种因素共同作用的结果，是干旱和人类活动所形成的叠加效应，是自然环境系统和社会经济系统在特定的时间和空间条件下耦合的特定产物。其次，旱灾影响机制的社会性。旱灾的存在是以人类社会的存在为前提的。人类的产生源于自然演化的巨大变异。在人类产生以前，即使几百年甚至几千年不降雨，却无所谓旱灾的存在。即便是现在，如果干旱发生在那些荒无人烟、人迹罕至的大沙漠里，对人类也没有丝毫影响，那也无所谓旱灾了。总之，干旱就其本身而言并不是灾害，只有当其对人类社会或生态环境造成不良影响时才演变成旱灾。

3. 相对可控性

旱灾相对可控性，是指旱灾在一定程度上能够得到有效预防或者减轻的特性。值得注意的是，这里所说的是旱灾具有相对可控性，而并非干旱，因为人类是无法控制干旱这一自然现象的发生和发展的，但通过采取有效的措施可以预防旱灾的发生或者在一定程度上减轻其影响和损失。

基于对旱灾双重属性之一的社会属性的认识，可以从以下两个方面理解旱灾相对可控性。首先，旱灾的形成具有相对可控性。我们已经知道旱灾是自然和人类活动所形成的叠加效应，人类无法改变天然降水异常，但却可以通过修正人类自身的活动而降低旱灾发生的风险。譬如，乱伐森林、河湖排污等人类大规模改造自然的行动可能诱发或加剧旱灾，但是如果人类不再随意砍伐植被、不再肆意向河湖倾倒垃圾，那么因水土流失、水资源污染而诱发或加剧旱灾的现象就可能得到控制。其次，旱灾的影响具有相对可控性。旱灾应对机制不同，旱灾影响也常常相差甚远，可能“放大”、也可能“缩小”其影响，这主要取决于社会经济基础、科学技术水平、社会制度、社会成员的素质、灾害设防能力、减灾工程和非工程措施等，参见图 1.6。实践表明，只要尊重自然规律，通过行政、法律、科技、经济等手段，合理配置和利用水资源，规范人类自身活动，就能够降低旱灾对城乡居民生产生活、经济发展和生态环境的影响。需要指出的是，受技术、经济水平以及对旱灾认识的限制，人类目前还不能完全战胜旱灾。

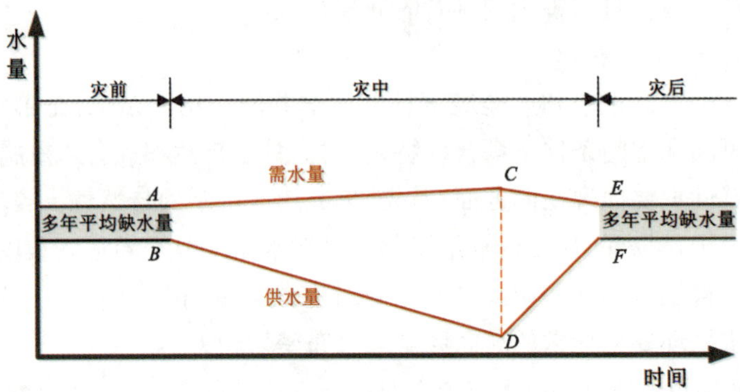

(a)当前应对机制

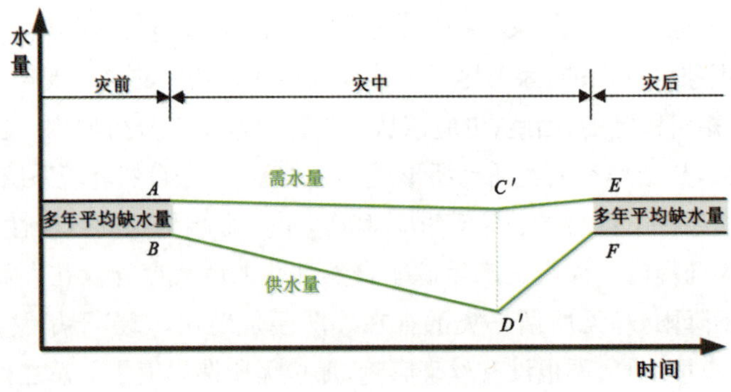

(b)综合应对机制

图 1.6 不同应对模式对旱灾的影响

1.1.3.4　旱灾表征及度量方法

1. 旱灾的函数表达

根据定义，旱灾是指由于降水减少、水工程供水不足引起的用水短缺，并对生活、生产和生态造成危害的事件。因此，总的来说，可以从因旱缺水量或因旱损失两个角度来度量：

$$S_{\text{Droughtdisaster}} = f(W) \tag{1.9}$$

$$S_{\text{Droughtdisaster}} = f(L) \tag{1.10}$$

式中，$S_{\text{Droughtdisaster}}$ 为旱灾的严重程度；W 为因旱缺水量；L 为因旱损失。

2. 旱灾度量指标

目前，还没有统一的、公认的旱灾度量指标，这是由于它涉及自然和社会两个方面因素，无法像干燥和干旱那样用纯自然参数构成的指标来描述，又因其影响的范围广、行业多，其损失定量评估往往还难以做到，很多时候还主要停留在定性评估上。在我国，旱灾度量研究相对走在前面，已出台水利行业标准《旱灾等级标准》(SL 663—2014)，提出了农业旱灾评估、牧业旱灾评估、城市旱灾评估指标及等级标准，详见表1.1。

表1.1　旱灾评估指标体系

评估内容	旱灾评估指标	
农业旱灾损失	粮食因旱损失率	
牧业旱灾损失	牧草因旱损失率	
城市旱灾损失	城市因旱 GDP 损失率	
因旱饮水困难	饮水困难人口	因旱饮水困难率

1.1.4　旱情概念及相关概念辨析

1.1.4.1　旱情概念

提到干旱和旱灾，还必须提到旱情的概念。旱情是指干旱在发生、发展过程中对人类经济社会相关领域，如农牧业生产、城乡供水以及生态环境等的影响情况，但尚未造成灾害性后果。

根据受旱对象的不同，旱情可分为农村旱情、城市旱情和生态旱情等，其中农村旱情又包括农业旱情、牧业旱情和因旱人畜饮水困难。农业旱情是指作物受旱状况，即土壤水分供给不能满足作物发芽或正常生长要求，导致作物生长受到抑制甚至干枯的现象。牧业旱情是指牧草受旱情况，即土壤水分供给不能满足牧草返青或正常生长要求，导致牧草生长受到抑制甚至干枯的现象。因旱人畜饮水困难是指由于干旱造成城乡居民以及农村大牲畜临时性饮用水困难情况。城市旱情是指因旱造成城市供水不足，导致城市居民和工商企业供水短缺的情况。生态旱情是指因旱造成江河径流量减少、地下水位下降、湖泊淀洼水面缩小或干涸、湿地萎缩、草场退化、植被覆盖率下降等情况。

根据受旱季节的不同，一般针对农业旱情，又分为春旱、夏旱、秋旱、冬旱和连季旱。春旱是指 3—5 月间发生的旱情。春季正是越冬作物返青、生长、发育和春播作物播种、出苗季节，特别是我国北方地区，春季本来就是春雨贵如油、十年九春旱的季节，假如降水量比正常年份再偏少，发生严重干旱，不仅影响夏粮产量，还造成春播基础不好，影响秋作物生长和收成。夏旱是指 6—8 月发生的旱情，三伏期间发生的旱情也称伏旱。夏季为晚秋作物播种和秋作物生长发育最旺盛季节，气温高、蒸发大，夏旱可能影响秋作物生长甚至减产。秋旱是指 9—11 月发生的旱情。秋季为秋作物成熟和越冬作物播种、出苗季节，秋旱不仅会影响当年秋粮产量，还影响下一年的夏粮生产。秋季是蓄水的关键时期，长时间干旱少雨，径流减少，将导致水利工程蓄水不足，给冬春用水造成困难。冬旱是指 12 月至次年 2 月发生的旱情。冬季雨雪少将影响来年春季的农业生产。连季旱是指两个或两个以上季节连续受旱，如春夏连旱、夏秋连旱、秋冬连旱、冬春连旱或春夏秋三季连旱等。

1.1.4.2 相关概念辨析

干旱、旱情与旱灾的联系和区别，主要体现在以下三个方面：

(1)属性不同。干旱是一种正常的自然异常，仅具有自然属性；而旱情和旱灾，不仅与自然异常有关，还与社会经济承载体密切相关，具有自然和社会双重属性。如西北等常年干旱的荒漠地区，由于没有人类活动，干旱就不会形成旱情、旱灾。

(2)在发生时间上存在递进性，是个逐步累进的过程，旱情是介于干旱与旱灾之间的一个概念。没有干旱，谈不上旱情，更谈不上旱灾。

(3)干旱、旱情与旱灾不存在绝对的对等关系。出现严重的干旱，并不一定意味着严重旱情。譬如，针对农业生产而言，当出现严重的干旱时，可能出现以下几种情形：第一种情形是如果严重干旱发生时正值作物需水关键期，且缺少其他形式的水源，那么必定导致严重的旱情；第二种情形是虽然严重干旱发生时正值作物需水关键期，但地表或地下水源状况良好，能够保证作物关键期的临界需水量，那么旱情很有可能比较轻；第三种情形是即便发生非常严重的干旱，但此时作物处于成熟期，即将被收获，那么可能旱情很轻甚至没有旱情。当出现严重的旱情时，也不一定意味着严重旱灾。旱灾是旱情进一步发展的结果，由于社会系统或生态系统都具有忍受一定程度干旱缺水的能力，当旱情发展到一定程度，超出了社会系统或生态系统的承受能力，就会产生旱灾。因此，旱灾的严重程度主要取决于人类社会的灾害应对机制，旱情发生前是否有前瞻性的备灾措施，发生时是否有有效的抗灾措施，发生之后是否有必要的补救措施。如果这些措施都很到位，那么旱情即便很严重，灾情也可能很轻，也就会出现人们常说的“大旱之年无大灾”的现象。

1.2 旱灾风险概念及其形成机制

1.2.1 旱灾风险概念

风险的概念最早出现在 19 世纪末的经济学研究中，美国学者 J. Haynes 在 1895 年认为风险意味着损害的可能性。之后,风险的概念被广泛应用于经济、工程、科学等相关领域,进入20世纪中期,风险被逐步引入了灾害研究领域。

由于涉及学科背景不同,或对风险的应用背景不同,风险的定义也不尽相同。目前,风险的概念主要可归为以下三类:

(1)风险是不利事件发生的不确定性。例如,Smith将风险定义为“某一灾害发生的概率”。Shrestha将风险定义为“不利或不希望事件发生的可能性”。该概念侧重于灾害的自然属性,倾向于将风险归因于纯粹的物理现象。

(2)风险是不利事件产生的可能后果。例如,Maskrey将风险定义为“某一自然灾害发生后所造成的总损失”。联合国减灾组织将自然灾害风险定义为“在一定区域和给定的时段内,由于某一自然灾害而引起的人们生命财产和经济活动的期望损失”。该概念侧重于灾害的社会属性,倾向于将风险主因归于人类活动。

(3)风险是不利事件的可能性与其产生不利影响的不确定性的综合度量。Tobin等将风险定义为“某一灾害发生的概率和期望损失的乘积”。Deyle等将风险定义为“某一灾害发生的概率(或频率)与灾害发生后果的规模的组合”。Einstein将风险定义为“事件发生的概率乘以事件的后果”。该概念综合考虑了灾害的双重属性,即自然属性和社会属性,认为风险是自然事件和人工系统相互作用的结果。

旱灾风险源于自然灾害风险,具体应该采用哪类概念来定义旱灾风险,还需要从旱灾形成机理来考虑。在1.1.3中,已经对旱灾概念、基本特征以及形成机制进行了剖析,认识到旱灾是干旱这种自然现象和人类活动共同作用的结果,是自然系统和社会经济系统在特定的时间和空间条件下耦合的特定产物,旱灾兼具自然和社会双重属性。干旱就其本身而言并不是灾害,只有当干旱对人类社会或生态环境造成不良影响时才演变成旱灾。因此,旱灾风险宜用第③类风险概念来定义,即指干旱发生的可能性及可能产生的不利影响的综合度量。

1.2.2 旱灾风险分类

总的来说,旱灾风险可以从以下几个角度来进行分类:

(1)从承灾体的类型来看,可以分为农业旱灾风险、牧业旱灾风险、城市旱灾风险和生态旱灾风险。

(2)从风险发生的形态来看,可以分为静态旱灾风险和动态旱灾风险。

(3)从风险管理的标准来看,可以分为可管理旱灾风险和不可管理旱灾风险。

1.2.3 旱灾风险形成机制

1.2.3.1 基于系统理论的旱灾风险形成机制

如前文所述,基于区域灾害系统理论,旱灾系统的构成要素是致灾因子、孕灾环境和承灾体,旱灾风险的构成要素则是危险性、暴露性和脆弱性,参见图1.7。危险性是指一定孕灾环境下，给人类经济社会、生态环境带来损害的干旱事件发生的可能性，反映的是干旱的时空规模、强度和变异性等。一般来说，危险性越大，旱灾风险也就越大。暴露性是指一定孕灾环境下，受干旱事件威胁地区承灾体的分布特征，体现为承灾体种类、数量、密度、价值等。一个地区暴露于旱灾危险因素的价值密度越高，可能遭受的潜在损失就越大，风险也就越高。脆弱性是指一定孕灾环境下，承灾体受干旱事件影响的敏感程度，体现为承灾体自身抵御干旱事件影响的能力以及人类主动减轻干旱事件影响的能力。在相同的致灾强度下，灾情会因设防能力、经济水平和人类对旱灾的反应不同而呈现出较大的差异，即旱灾脆弱性的高低具有"放大"或"缩小"灾情的作用，同时也能客观反映人类对旱灾应付、缓冲和恢复能力的差异。一般孕灾环境的脆弱性越低，灾害风险也越低。从系统工程的角度看，旱灾风险可作为一个系统，其系统输入为危险性，其系统转换为脆弱性和暴露性，而其系统输出就是有可能发生的旱灾风险。需要指出的是，旱灾风险并不等同于旱灾，只有当因干旱造成的影响和危害的可能性变为现实，风险才转化为灾害。

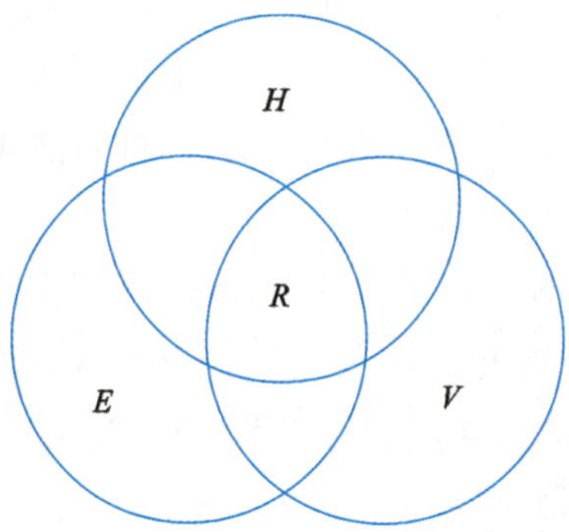

图 1.7 基于系统构成的旱灾风险形成机制

1.2.3.2 基于物理过程的旱灾风险形成机制

在 1.2.3.1 中，从旱灾系统构成的角度阐明了旱灾风险的形成机制，本节将从旱灾风险形成的物理过程来剖析其形成机制。前文对"旱灾风险"进行了界定，即指干旱发生的可能性及可能产生的不利影响的综合度量，其中，干旱事件发生的可能性，即干旱风险。从区域灾害系统理论及风险理论来说，干旱风险表征的是致灾因子危险性的大小，而旱灾风险表征的是危险性与暴露性、脆弱性共同作用的结果。对于特定的承灾体，在一定防灾减灾能力下，干旱风险越大，旱灾风险也越大，但是，当承灾体、防灾减灾能力不同时，该规律也不尽然。换言之，干旱风险是形成旱灾风险的必要而非充分条件。总的来说，从物理过程来说，有一个从干旱风险到旱灾风险的过程，见图 1.8。

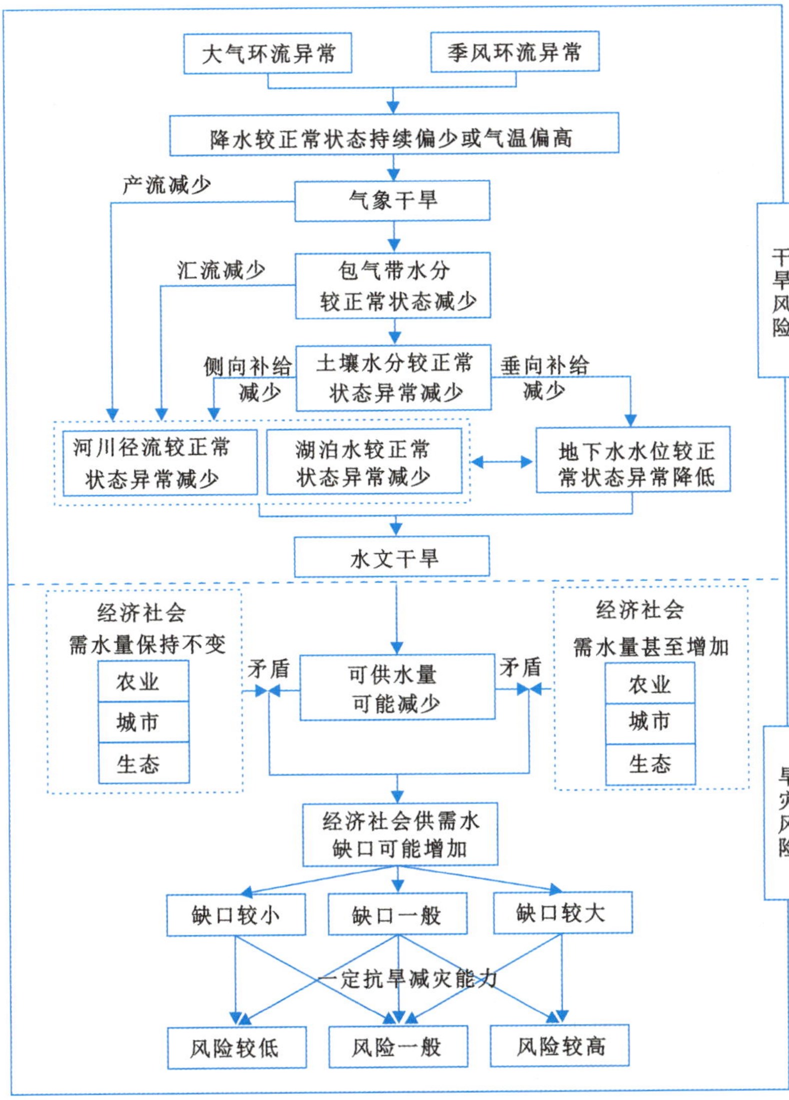

图1.8　基于物理过程的旱灾风险形成机制

在干旱风险形成阶段，其原始驱动因子为大气环流异常或季风环流异常。大气环流异常或季风环流异常导致某地区降水较正常状态偏少，当偏少程度和持续时间达到一定程度时，意味着气象干旱发生。由于降水是下垫面水分的唯一来源，气象干旱可能诱发水文干旱。当气象干旱进一步蔓延加剧，在其他条件不变的情况下，一方面产流可能随之减少，另一方面包气带的水分也将随之减少，土壤水分条件恶化，汇流条件也可能随着削弱。产汇流的减少，将直接导致江河湖泊等地表水体水量减少，进而影响地下水。

在旱灾风险形成阶段，其主要驱动因子为水文干旱。当水文干旱持续发展时，就可能导致可供水量减少，而与此同时，维持整个经济社会正常运转的农业、城市和生态需水量仍保持不变，甚至在某些条件下还会增加，如此一来，可能扩大经济社会供需水缺口。在一定抗旱减灾能力条件下，不同程度的供需水缺口状况，可能表现为不同程度的旱灾风险。

1.3 旱灾风险评估基本原理与方法

1.3.1 旱灾风险评估基本原理

1. 水循环的原理

针对一个地区的旱灾风险进行评估，首先需要分析该地区的气候水文基本特征，从区域水循环的每个环节分析发生干旱的可能性，以及由干旱导致的缺水程度。从大气降水量、土壤含水量、河川径流量、湖泊(水库)蓄水量及地下水位等的异常变化入手，分析区域干旱程度，从而为评估旱灾风险提供基础。在旱灾风险分析的生产实践中，人们也经常直接采用干旱缺水程度来度量旱灾风险。

2. 系统分析的原理

旱灾归根结底是自然界物质循环和能量流动中的异常现象，它的发生和发展遵循一定的物理规律。旱灾发生、发展、演变和致灾过程同样具有规律性，这是客观评价旱灾发生的可能性、规模及其造成损失的大小的依据。在自然—人类—社会经济相互联系和相互作用的孕灾环境中，旱灾的致灾过程是致灾因子和承灾体相互作用的过程，灾害损失是最终后果。系统分析原理的本质是要从干旱的致灾机理和系统演变过程两方面把握旱灾的发生、发展、致灾规律。在此基础上评价旱灾发生的可能性、规模及其造成损失的大小。另外，还可以基于这两方面的规律建立模型，模拟旱灾和评价旱灾风险，最终服务于旱灾风险调控。

3. 不确定性分析的原理

不确定性是风险的基本特征，因而旱灾风险评估需要遵循不确定性分析的原理。现行的不确定性分析方法主要有概率统计分析和综合指标分析两大类方法。概率统计风险分析主要是研究旱灾风险发生的概率及造成的损失大小，是对风险识别的深化，是风险评价、风险调控和决策等各项风险处理技术的基础。概率统计分析是将收集到的样本代表总体，需要有足够多的统计样本。当可获取的信息量足够多，能够提供具有代表性的统计样本时，则可采用概率统计方法进行风险分析。而当可获取的信息量不够多，基于有限样本得到的估计参数和总体参数之间可能存在较大误差。在这种情况下，如果知道先验分布，那么可以通过贝叶斯方法对现有的样本估计加以改进。但是实际情况中，先验分布往往是未知的，在这种不完备信息条件下，通常采用综合指标分析方法。综合指标分析，综合考虑影响旱灾风险的各种因子，建立一个综合的灾害风险分析指标体系，给出一个综合风险指数。

1.3.2 旱灾风险评估范式

尽管旱灾有别于洪涝灾害、地震灾害等其他灾害，但其风险评估仍可用如下灾害风险评估范式来表达：

$$R = H^{\circ}D \tag{1.11}$$

式中：R 为风险；H 为描述风险源的函数族；D 为描述压力—反应关系的函数族；$^{\circ}$ 为合成规则族。

对于旱灾风险而言，H 、D 分别是描述旱灾致灾因子的概率密度函数和描述承灾体的压力—反应曲线，$^{\circ}$ 是概率密度函数和压力—反应曲线的合成运算，见图 1.9。对于给定的承灾体，该模型的输入是与风险源有关的参数，输出是能描述风险情景的量化指标的具体数值。

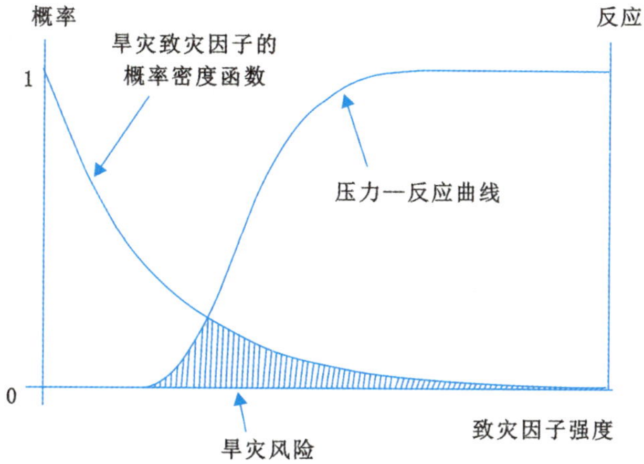

图 1.9　旱灾风险评估的一般模式

1.3.3　旱灾风险评估方法

按照风险发生的形态，旱灾风险可分为静态旱灾风险和动态旱灾风险。相应地，旱灾风险评估可分为静态旱灾风险评估和动态旱灾风险评估。

所谓静态旱灾风险评估，是指基于历史资料，通过对某一地区干旱成灾机理及规律等进行分析，进而估计这一地区干旱发生的可能性及其可能产生的不利影响。静态旱灾风险，反映的是某一地区某一时期的风险特征，风险相对稳定，主要用于为区域干旱管理规划与政策制定提供依据、为旱灾保险等提供技术支持等。目前，静态旱灾风险评估方法主要有以下 3 类：基于区域灾害系统理论的旱灾风险评估方法、基于概率统计理论的旱灾风险评估方法和基于干旱事件过程的旱灾风险评估方法。上述三类方法均有其优点和缺点，如何选择合适的评估方法，需要综合考虑风险分析目的、目标使用对象、数据资料获取等因素。

所谓动态旱灾风险评估，是指基于实时旱情信息及未来可能的发展趋势分析等，提前预估某一地区未来干旱的可能影响。动态旱灾风险，反映的是某一地区动态变化的、短期的风险特征，主要用于动态预估灾情发展、为动态决策提供量化依据等。

1.3.3.1　基于区域灾害系统理论的旱灾风险评估方法

该方法建立在灾害系统理论之上，其基本思路是：从致灾因子的危险性、承灾体的暴露性和孕灾环境的脆弱性等方面着手建立评价指标体系，采用模糊数学方法计算得到灾害风险度，进而实现旱灾风险的等级评价，详见本书第3章。该方法能够反映造成旱灾风险的各因素的影响程度大小，利于成因分析，但存在指标遴选、权重确定等方面易受人为主观因素影响的问题。

1.3.3.2 基于概率统计理论的旱灾风险评估方法

基于概率统计理论的旱灾风险评估方法，其基本思路是利用概率统计方法，对以往的旱灾时序数据进行分析、提炼，找出灾害发展演化的规律，计算得到风险概率，以达到预测评估未来灾害风险的目的，详见本书第4章。该方法是在旱灾时序数据的基础上直接进行概率分布的建模，建模的方法主要有两种：①参数估计法，即基于传统概率统计的旱灾风险评估方法。首先假设旱灾指标为随机变量，并符合某一概率分布，然后历史旱灾样本数据来估计该分布函数的参数。②非参数法。该方法不用假设频率分布，无需进行参数估计，适用性较广。目前较为常用的非参数模型有核密度估计模型和信息扩散模型，本书中主要介绍基于信息扩散技术的旱灾风险评估方法。

1.3.3.3 基于干旱事件过程的旱灾风险评估方法

在1.2.1中，旱灾风险定义为干旱发生的可能性 P 及可能产生的不利影响 C 的综合度量，由此提出基于干旱事件过程的旱灾风险评估方法。该方法的基本思路是：通过水文气象要素，识别出所有的干旱事件，提取干旱特征变量，推求其对应的干旱频率或重现期；采用统计模型或机理模型，确定一定抗旱能力作用下所识别的每一个干旱事件可能造成的旱灾损失；基于所有干旱事件，建立干旱频率—潜在损失—抗旱能力之间的定量关系，以此描述旱灾风险，详见本书第5章。该方法是建立在“在一定抗旱能力条件下，一定规模的干旱会产生一定规模的旱灾损失”这一相对确定规律之上的，即在一定抗旱能力下，随着干旱频率的下降(或干旱重现期的上升)，相应的可能损失理论上应呈现上升的趋势。基于干旱事件过程的旱灾风险评估方法具有较强的物理形成机制，且能够实现定量化计算。但是，该方法对于数据的支撑要求较高，同时由于作为该方法支撑的干旱频率分析技术、灾损评估技术、抗旱能力评估技术等多种技术尚处于起步发展阶段，还存在很多技术细节难题，如干旱表征指标的选取，干旱识别过程中阈值的确定，工业、服务业灾损评估模型的构建等问题。

1.3.3.4 动态旱灾风险评估方法

由于农业是受旱灾影响最直接且最严重的行业，目前多为针对农业进行动态旱灾风险评估，其基本思路是：结合旱情集合预报模型结果及不同典型年数据，运用情景分析技术，构建基于作物生长模型的旱灾风险动态评估模型，实现不同情景模式下的潜在旱灾损失预评估，详见本书第6章。该方法能够动态预估旱灾风险并及时提供决策依据，但由于干旱预测预报技术尚处于起步阶段，难以提供准确的预测预报结果输入，进而导致风险结果容易受情景设置的影响。

1.4 旱灾风险管理内涵

1.4.1 灾害管理模式概述

从古到今，从全球范围来看，洪水、干旱、地震、火山喷发、滑坡、泥石流、风暴潮、海啸、冰雹等灾害每一天都会发生。随着人类社会经济的迅速发展，灾害所造成的影响愈加严重，各种损失与日俱增。如何应对这些灾害，一直是人类社会所不得不面临的重要问题之一。总的来说，灾害管理主要有两种模式，一种是灾害危机管理，另一种是灾害风险管理。长期以来，灾害危机管理占领着主导地位，随着风险概念的提出和人们减小灾害损失可能性或不确定性愿望的日益增强，灾害风险管理应运而生，并逐渐被世界各国所接受。

灾害危机管理侧重于灾害临近或已发生时采取紧急措施应对，进行抗灾救灾并防止灾害影响和损失的扩大和蔓延。这种管理模式是基于自然灾害是一种局部和偶发现象的认识之上，以单项灾种的职能部门减灾应急管理为主，管理分散、各单一灾种部门缺少相关沟通及协调机制，对灾害的处理也大多是采取临机处置的方式，通常是按照常规和经验来处置，头痛医头脚痛医脚，完全处于被动应急的状态，其结果是社会总是“从一种灾害走向另一种灾害”。而灾害风险管理则贯穿于灾害发生发展的全过程，更注重灾害发生前进行准备、预测、减灾和早期警报等工作，对可能出现的灾害预先处理、主动应对，将可能发生的灾害消灭在萌芽或初期形成状态，尽量减少灾害出现的频率，降低灾害程度，以最低的抗灾成本最大可能地减少灾害损失。灾害风险管理的实施过程是不断循环和完善的过程，主要包括为灾前降低风险、灾害时应急响应和灾后恢复及其相应的管理对策。

1.4.2 旱灾风险管理的内涵

长期以来，在旱灾管理的问题上，世界各国基本上都处于被动应对的状态，换言之，即采取的是危机管理方式。所谓旱灾危机管理，也就是指当旱灾临近时甚至发生后，才开始作出反应，着手制定临时应急措施和对策，以期减轻干旱的影响。但是，由于旱灾危机管理的根本定位就是被动应对眼前的、局部的问题，而较少从长远和全局的角度看问题，采取的措施也往往是临时性的、应急性的，重抗轻防，重工程轻非工程，最终的抗旱效果往往受到限制。

随着社会经济的快速发展以及人口的增长，旱灾在全球造成的影响越来越大，灾害损失急剧增加。面对严峻的旱灾形势，以美国、澳大利亚为代表的发达国家于20世纪八九十年代提出了旱灾风险管理理念，我国也于2003年提出了防汛抗旱“两个转变”的新思路，在继续加强旱灾危机管理的同时，积极推进旱灾风险管理。所谓旱灾风险管理，可以表述为：通过分析、预测干旱的发生、发展规律，评估一旦发生旱灾可能造成的影响或损失，优化组合各类抗旱措施以求最大限度地降低旱灾损失，并在旱灾结束后对抗旱措施进行后评价的全部过程。不难看出，旱灾风险管理贯穿干旱及灾害发生发展的全过程，是一个连续的、循环的、动态的过程。与现行的危机管理相比，旱灾风险管理是一种主动、有备、周密和有效的防旱减灾管理模式，其本质不是消极地承受旱灾风险，而是积极地预防和应对旱灾风险。旱灾危机管理与风险管理的比较，参见表 1.2。

表 1.2　旱灾危机管理与旱灾风险管理的比较

管理方式	旱灾危机管理	旱灾风险管理
出发点	减少负面影响	防止负面影响
关注重点	致灾因子和灾害事件本身	脆弱性和风险因素
关注时段	旱中	旱前、旱中、旱后
关键措施	应急、临时性抗旱措施	监测、预警等防灾措施
最终结果	一次旱灾走向另一次旱灾	下一次旱灾风险降低

受特定的历史条件、认识水平、技术水平等的限制，旱灾危机管理长期以来占领着干旱管理的主导地位，对于减轻旱灾影响和损失也发挥了重要的作用。但是，在当代社会人口剧增、工业化与城镇化进程快速推进的冲击下，粮食安全保障与生态环境安全保障面临更大的压力和挑战，这种以减轻负影响为出发点、以致灾因子和灾害事件本身为关注重点、以旱中为关注时段、以临时应对为主要手段的旱灾危机管理已经难以满足干旱管理工作的更高要求，而需要加强以防止负影响为出发点、以风险构成要素为关注重点、以干旱发生发展全过程(旱前、旱中、旱后)为关注时段、以防旱减灾为主要手段的旱灾风险管理。实践证明，采用不同的管理模式，将形成两种截然不同的社会，一种是在干旱面前脆弱的社会，另一种是有一定抵御能力的社会，这两种社会在遭遇同样干旱的情况下，将会产生不同的灾害后果，见图 1.10 和图 1.11。在干旱面前脆弱的社会，缺乏针对干旱的早期监测预警能力，没有完备的减灾策略和体系，不知道什么处于旱灾风险之中，也不知道为什么会处于风险之中，旱灾一旦发生，社会将承受较大、较深远的负面影响，往往需要较长的恢复期。在干旱面前有抵御能力的社会，已经清楚掌握什么处于旱灾风险之中，以及为什么会处于风险之中。社会已经建立了综合的早期预警系统，并制定了基于风险管理的较为完备的减灾对策和体系。

目前，世界上很多国家都在尝试推行旱灾风险管理，并取得了较好的成效。不过，需要指出的是，推行旱灾风险管理，并不等于完全否定旱灾危机管理，从以往的实践经验来看，旱灾危机管理有其存在的必要性，特别是在旱情紧急期间，具有一定的抗旱减灾作用。事实上，旱灾风险管理包括旱前预防、旱期抗灾以及旱后恢复，亦即旱灾危机管理也涵盖在风险管理之中。只是为了最大限度地消除干旱对经济、社会带来的各种不利影响，以最小的抗旱投入获得最大的减灾效果。事实上，仅仅依靠危机管理还远远不够，更需要防患于未然。

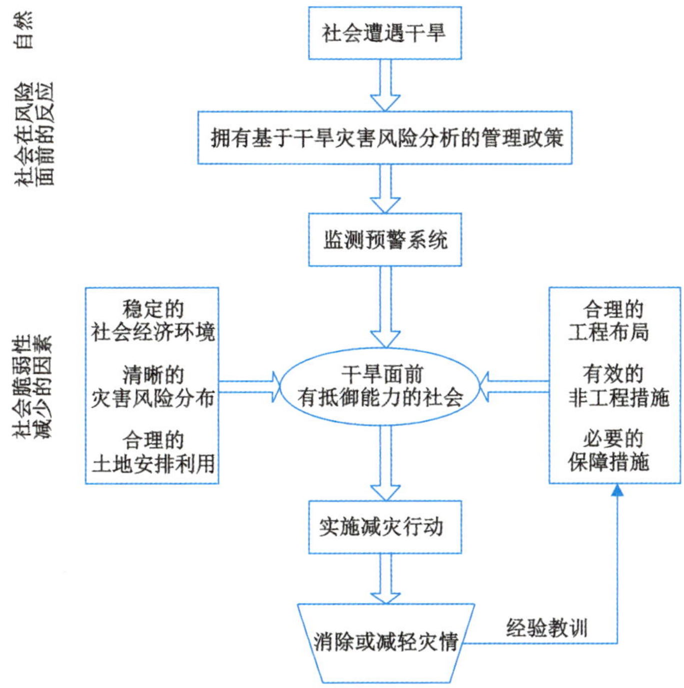

图 1.10　干旱面前脆弱的社会

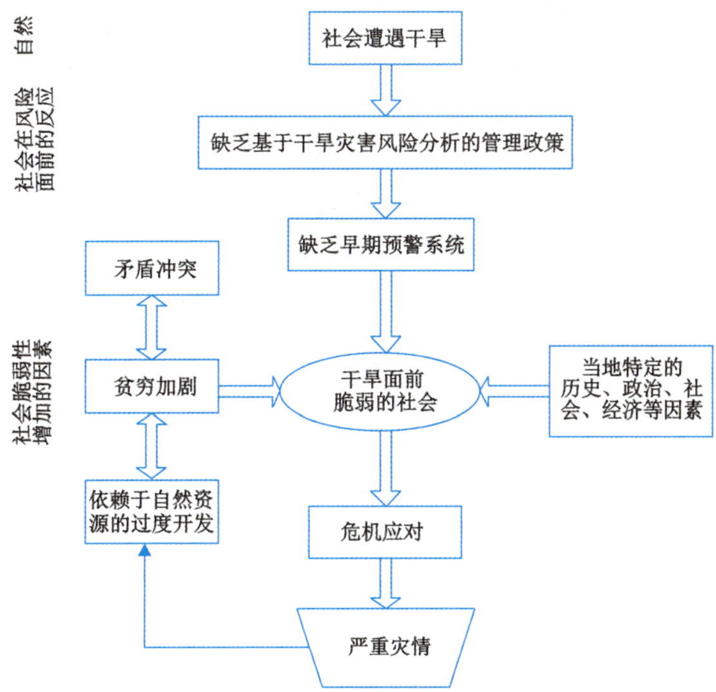

图 1.11　干旱面前有抵御能力的社会

1.4.3 旱灾风险管理总体框架及内容

随着对干旱及灾害问题认识的进一步深化，人们已经认识到要实现对旱灾的有序、有效管理，应急状态的抗旱管理已无法满足要求，而要实现常态和应急状态的统合管理，即旱灾风险管理。旱灾风险管理将高效的风险减免机制和理性的控制过程统合考虑，通过博弈应急管理和常态管理各自牺牲一部分利益，实现全局最优，表现为应急管理常态化，常态管理应急化。基于本章的研究，下面提出基于旱灾发生发展全过程的旱灾风险管理的总体框架，见图 1.12。

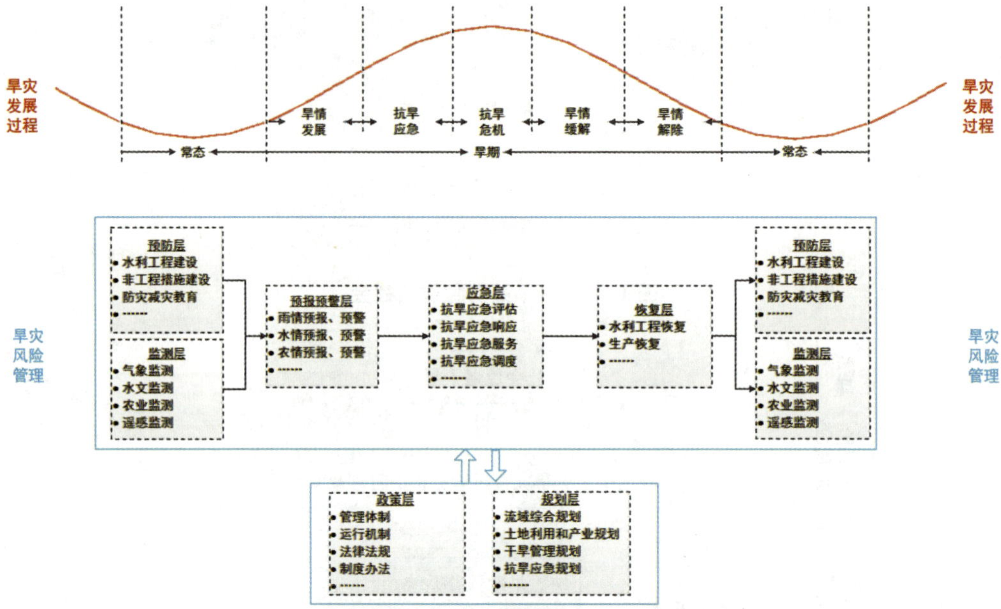

图 1.12 旱灾风险分析及管理框架

正常时期的旱灾风险管理包括政策层、规划层、预防层和监测层等方面的内容。其中，政策层主要涉及改革管理体制、创新运行机制、完善法律法规、建立制度办法等，为旱灾管理依法、有序、高效开展奠定基础；规划层主要涉及编制或整合流域综合规划、土地利用规划、产业布局规划、干旱管理规划、抗旱应急规划等，确保旱灾管理的科学性、可持续性；预防层主要通过提前开展水利工程措施建设、非工程措施建设等，提前预防或规避可能发生的旱灾风险，降低旱灾的可能影响；监测层主要建立或运用"天基—地基—空基"一体化的多角度、全方位的干旱监测手段，综合运用原型观测、物理模拟、现代地理信息技术等进行干旱监测，为干旱预测、预警提供技术支撑。

旱期的旱灾风险管理主要包括预报预警层、应急层和恢复层等方面的内容。预报预警层主要基于天地一体化监测平台，运用长、中、短等不同时间尺度的干旱模型，提前对可能的干旱形势进行预测、预警。应急层主要包括开展客观的旱情评估和灾情评估、及时启动抗旱应急响应、开展抗旱应急服务以及实施抗旱应急水量调度等，最大程度减少旱灾损失。恢复层主要围绕恢复重建工作开展，包括水利工程恢复、生产恢复等，以期尽快回到正常阶段。

第2章 基于区域灾害系统理论的旱灾风险评估方法及实证研究

2.1 基于区域灾害系统理论的旱灾风险评估原理

基于区域灾害风险理论，旱灾风险是干旱事件危险性、承灾体暴露性和脆弱性共同作用的结果，可用如下范式予以表达：

$$R=f(H,E,V) \tag{2.1}$$

式中：R 为旱灾风险值；H 为致灾因子的危险性；E 为承灾体的暴露性；V 为承灾体及孕灾环境的脆弱性。

其中，旱灾致灾因子的危险性可用下式表达：

$$H=f(M,P) \tag{2.2}$$

式中：M 为旱灾致灾因子的变异强度；P 为某一变异强度发生概率。

其中，承灾体的暴露性可用下式表达：

$$E=f(p,v,\cdots) \tag{2.3}$$

式中：p 为受威胁的人口；v 为受威胁的价值。

其中，承灾体及孕灾环境的脆弱性可用下式表达：

$$V=f(C_{\text{disaster-bearingbody}},C_{\text{humanbeings}}) \tag{2.4}$$

式中：$C_{\text{disaster-bearingbody}}$ 为承灾体自身抵御干旱事件影响的能力；$C_{\text{humanbeings}}$ 为人类主动减轻干旱事件影响的能力。

2.2 基于区域灾害系统理论的旱灾风险评估方法

基于区域灾害系统理论的旱灾风险评估方法的基本思路是：从危险性、暴露性和脆弱性等方面着手建立评价指标体系，采用模糊数学方法计算得到灾害风险度，进而实现旱灾风险的等级评价，见图2.1。

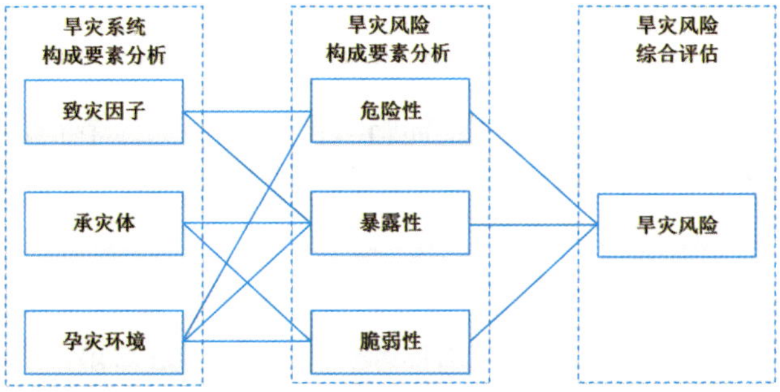

图 2.1 基于区域灾害系统理论的旱灾风险评估原理

该方法主要步骤如下：

(1)建立旱灾风险评估指标体系。通过对评估区域旱灾风险构成要素(H、E、V)的分析，综合考虑科学性、可比性、可操作性、数据可获取性等原则，构建旱灾风险评估指标体系，包括目标层、因子层、副因子层和指标层(图 2.2)。

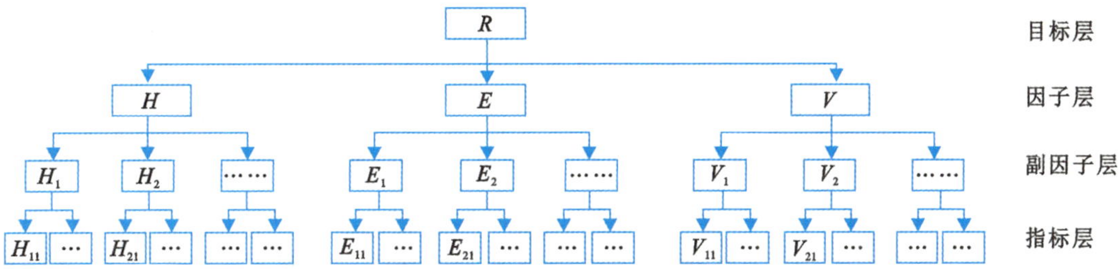

图 2.2 旱灾风险评估指标体系

(2)确定指标权重。采用专家打分或层次分析法等方法，确定评估指标体系中各指标权重的大小。

(3)建立风险评估模型。根据区域灾害系统理论，旱灾风险是致灾因子危险性与承灾体暴露性、孕灾环境脆弱性共同作用的结果。但具体是何种作用机制，目前并没有统一的模式。就已有研究来说，采取相乘模式和相加模式较为普遍，如式(2.5)和式(2.6)所示。然后，利用加权综合评分法和层次分析法，计算风险度。

$$R = H \times E \times V \tag{2.5}$$

$$R = H + E + V \tag{2.6}$$

式中：R 为风险值；H 为危险性值；E 为暴露性值；V 为脆弱性值。

其中，危险性值采用下式计算：

$$H = \sum_{i=1}^{n} \omega_{h_i} \times h_i \tag{2.7}$$

式中：H 为危险性值；h_i 为第 i 个危险性指标归一化数值；ω_{h_i} 为第 i 个危险性指标的权重。

其中，暴露性值采用下式计算：

$$E=\sum_{j=1}^{m}\omega_{ej}\times e_j \tag{2.8}$$

式中:E 为暴露性值;e_j 为第 j 个暴露性指标归一化数值;ω_{ej} 为第 j 个暴露性指标的权重。

其中,脆弱性值采用下式计算:

$$V=\sum_{k=1}^{p}\omega_{vk}\times v_k \tag{2.9}$$

式中:V 为脆弱性值;v_k 为第 k 个脆弱性指标归一化数值;ω_{vk} 为第 k 个脆弱性指标的权重。

(4)进行风险等级划分。采用模糊数学方法对旱灾综合风险进行等级划分。

(5)风险图绘制。风险图的表征方式可以有多种,如基于 GIS 的空间分布图或雷达图。

2.3 基于区域灾害系统理论的旱灾风险评估实证研究

采用基于区域灾害系统理论的旱灾风险评估方法分别对全国农业及城市旱灾风险进行评估。

2.3.1 数据处理方法

2.3.1.1 数据标准化处理方法

由于不同指标的性质和量纲不同,它们之间没有可比性,也无法进行综合计算处理,因此需要对指标值进行标准化处理,使其成为无量纲且处于[0,1]区间的数值。统计数据标准化方法有多种,如正规化方法、归一化方法、直线型极值方法等。针对实际情况,可以选用其中一种方法,或者综合使用多种方法,总之最后的结果都是无量纲化。本书中,采用直线型极值方法进行数据标准化处理。

直线型极值方法,即在指标实际值转化成无量纲指标时,假定二者之间呈线性关系,指标实际值的变化引起标准化后数据值一个相应的比例变化,利用指标统计数据的最大值或最小值,计算指标数据的无量纲值。

对于正向指标(指标值越高,其上一级指标值也越高),有:

$$y_j=(x_j-x_{\min})/(x_{\max}-x_{\min}) \tag{2.10}$$

式中:x_j、$x_{\min}$、$x_{\max}$ 分别为评价区间对应于某变量 j 的数值、j 数据系列的最小值和最大值;y_j 为该区第 j 个指标值标准化后的值,介于 0~1 之间。

对于负向指标(指标值越高,其上一级指标值越低),有:

$$y_j=(x_{\max}-x_j)/(x_{\max}-x_{\min}) \tag{2.11}$$

为了避免 0 和 1 的边界值问题,可以将变量数据系列的最高值和最低值分别提高和缩减 5%。这样可以提高高值地区的评价结果。所以,以上两式修正为如下形式:

$$y_j=(1.05\times x_{\max}-x_j)/(1.05\times x_{\max}-\frac{x_{\min}}{1.05}) \tag{2.12}$$

$$y_j = (x_j - \frac{x_{\min}}{1.05}) / (1.05 \times x_{\max} - \frac{x_{\min}}{1.05}) \tag{2.13}$$

2.3.1.2　指标权重确定方法

指标权重确定方法有很多，较常用的有专家调查法（Delphi 法）、层次分析法、主成分分析法、熵值法等。本书中，采用层次分析法确定指标权重系数。

层次分析法（analytic hierarchy process，简称 AHP）是美国运筹学家 T. L. Saaty 于 20 世纪 70 年代初提出的一种多目标决策分析方法。具体而言，层次分析法是将一个复杂的多目标决策问题作为一个系统，将目标分解为多个目标或准则，进而分解为多指标（或准则、约束）的若干层次，通过定性指标模糊量化方法算出层次单排序（权数）和总排序，以作为目标（多指标）、多方案优化决策的系统方法。层次分析法是一种定性和定量相结合的、系统化的、层次化的分析方法，本书中采用该方法确定各指标的权重。

层次分析法将决策问题按总目标、各层子目标、评价准则直至具体的备择方案的顺序分解为不同的层次结构，然后用求解判断矩阵特征向量的办法，求得每一层次的各元素对上一层次某元素的优先权重，最后用加权和的方法递阶归并各备择方案对总目标的最终权重，此最终权重最大者即为最优方案。这里所谓“优先权重”是一种相对的量度，它表明各备择方案在某一特点的评价准则或子目标，标下优越程度的相对量度，以及各子目标对上一层目标而言重要程度的相对量度。基本步骤如下：

(1)建立层次结构模型。

在深入分析实际问题的基础上，将有关的各个因素按照不同属性自上而下地分解成若干层次，同一层的诸因素从属于上一层的因素或对上层因素有影响，同时又支配下一层的因素或受到下层因素的作用。最上层为目标层，通常只有 1 个因素，最下层通常为方案或对象层，中间可以有一个或几个层次，通常为准则或指标层。当准则过多时（譬如多于 9 个）应进一步分解出子准则层。

(2)构造判断矩阵。

从层次结构模型的第 2 层开始，对于从属于（或影响）上一层每个因素的同一层诸因素，用成对比较法和 1～9 比较尺度构造判断矩阵，直到最下层。设有 n 个因素 $X=\{x_1, x_2, \cdots, x_n\}$，要比较它们对上一层某一准则（或目标）的影响程度，确定在该层中相对于某一准则所占比重：

$$\boldsymbol{U} = \begin{bmatrix} u_{11} & u_{12} & \cdots & u_{1n} \\ u_{21} & u_{21} & \cdots & u_{2n} \\ \vdots & \vdots & & \vdots \\ u_{n1} & u_{n2} & \cdots & u_{nn} \end{bmatrix} \tag{2.14}$$

$$u_{ij} = \frac{1}{u_{ji}} \tag{2.15}$$

式中：$\boldsymbol{U}$ 为判断矩阵；u_{ij} 为比例标度，表示第 i 个因素相对于第 j 个因素的比较结果，取 1～9 的 9 个等级（表 2.1），u_{ji} 取 u_{ij} 的倒数。

表 2.1　　判断矩阵元素取值及其描述

标度	含义
1	表示两个因素相比，一个因素与另一个因素同样重要
3	表示两个因素相比，一个因素比另一个因素稍微重要
5	表示两个因素相比，一个因素比另一个因素明显重要
7	表示两个因素相比，一个因素比另一个因素强烈重要
9	表示两个因素相比，一个因素比另一个因素极端重要
2,4,6,8	上述两相邻判断的中值

(3)计算权向量并做一致性检验。

对于每一个判断矩阵，计算最大特征根及对应特征向量，特征向量为各评价因素重要性排序，即权值。判断矩阵最大特征根所对应的特征向量$\boldsymbol{W}$：

$$\boldsymbol{W}=(w_1,w_2,\cdots,w_n)^T \tag{2.16}$$

$$w_i=\frac{\sqrt[n]{\prod_{j=1}^{n}u_{ij}}}{\sum_{i=1}^{n}\sqrt[n]{\prod_{j=1}^{n}u_{ij}}} \tag{2.17}$$

满足：

$$\sum_{i=1}^{n}w_i=1 \tag{2.18}$$

用如下式检验判断矩阵的一致性：

$$\mathrm{CR}=(\lambda_{\max}-n)/(n-1)/\mathrm{RI} \tag{2.19}$$

$$\lambda_{\max}=\frac{1}{n}\sum_{i=1}^{n}\frac{(UW)_i}{W_i} \tag{2.20}$$

式中：$\boldsymbol{W}$为权重向量，w_i为第i指标的权重；u_{ij}为判断矩阵中判断标度；CR为检验系数；$\lambda_{\max}$为判断矩阵的最大特征根；$\boldsymbol{UW}$为矩阵$\boldsymbol{U}$与向量$\boldsymbol{W}$相乘所得向量，$(UW)_i$为向量UW的第i个元素；n为指标个数；RI为判断矩阵的随机一致性指标，取值见表2.2。

表 2.2　　判断矩阵的随机一致性指标

阶数n	1或2	3	4	5	6	7	8	9
RI	0	0.58	0.9	1.12	1.24	1.32	1.41	1.45

当CR小于或等于0.1时，认为矩阵具有满意一致性，说明确定指标的权重是合理的，否则需对矩阵进行调整，直至具有满意的一致性为止。

计算最下层对目标的组合权向量，并根据公式做组合一致性检验，若检验通过，则可按照组合权向量表示的结果进行决策，否则需要重新考虑模型或重新构造那些一致性比率较大的成对比较阵。

2.3.1.3　旱灾风险构成要素等级确定方法

本书中采用模糊综合评判法来确定旱灾风险构成要素等级。基于模糊数学理论的模糊综合评判法，是由美国控制论专家 LA. Zadeh 提出的一种定量的科学评价方法，其研究比较成熟且应用较为广泛。采用模糊综合评判法，分别对危险性、暴露性、脆弱性等三个旱灾风险构成要素进行等级划分，目的是为各个地区制定有针对性的旱灾风险管理对策服务。该方法的基本思路是：通过构造隶属度函数对模糊指标进行量化，得到模糊评判矩阵，在确定指标权重的基础上，利用模糊变换原理确定模糊综合评判，根据最大贴近度原则确定评价结果。具体步骤如下：

(1)进行单个指标等级划分。

由于我国地域辽阔，地区之间差异很大，将各等级划分为 5 级，各指标在每个等级中的边界值采用正态分布求得。设定 1～5 级区间出现的概率分别为 15%、20%、30%、20%和 15%，则可用($\bar{X}-1.04\times S$)，($\bar{X}-0.39\times S$)，($\bar{X}+0.39\times S$)，($\bar{X}+1.04\times S$)四个分点值作为等级划分阈值。上式中，$\bar{X}$ 为样本平均值，S 为标准差。

对于个别指标，由于各地区数据相差极大，造成样本偏离平均值的程度大，标准差较大，这时，可采用排频的方法确定等级划分阈值。即将所有样本值排序，分别取 15%、35%、65%、85%四个点附近较整的数值作为阈值。

(2)构造隶属度函数。

采用三角形隶属度函数计算求得 γ_{ij} 值，即确定第 i 个指标值隶属于第 j 个评判等级的可能性。三角形隶属度函数见图 2.3。

1)a_1、a_2、a_3、a_4 表示等级划分区间阈值；

2)每个范围的中间值代表属于该等级的隶属度为 1，向两边线性下降；

3)当统计值大(或小)到一定程度时，对应某个等级的隶属度为 1；

4)一个统计值对应各等级隶属度之和为 1。

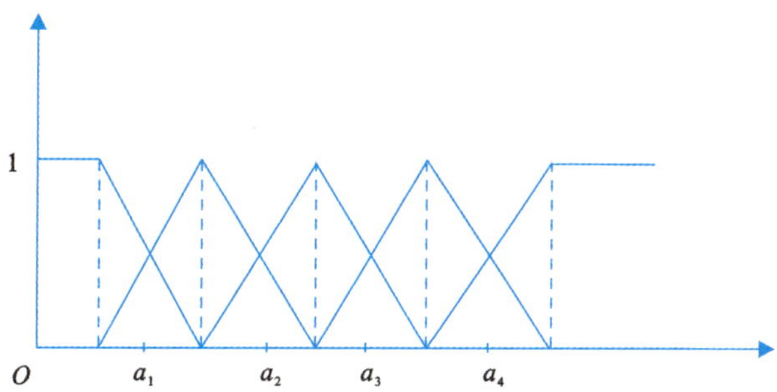

图 2.3　三角形隶属度函数示意图

(3)模糊综合评判。

构造隶属度函数，对模糊指标进行量化，通过综合各评价层上各个单指标的模糊评判，得到总目标层在评判集上的评判，即评价对象隶属于5个等级的隶属度值。

$$H_j=\sum_{i=1}^{4}\omega_j\times\gamma_{ij}\quad(j=1,2,3,4,5)\tag{2.21}$$

式中：H_j 为评价对象隶属于第 j 个评价等级的可能性，$\sum_{j=1}^{5}H_j=1$；γ_{ij} 表示该对象第 i 个指标值隶属于第 j 个评判等级的可能性；ω_i 为指标 i 的权重，采用层次分析法确定得到。

(4)确定评价结果。

通常情况下，采用最大隶属度准则确定旱灾风险构成要素等级，即选取 H_j 中隶属度最大值对应的等级为危险性、暴露性或脆弱性的等级。但是，当 $\max H_j<0.5(j=1,2,3,4,5)$时，不适合采用最大隶属度准则。例如，某地市对应5个危险性等级的隶属度分别是[0.3，0.18，0.1，0.25，0.17]，最大隶属度准则下，该地市属于低危险等级，但是由于5个隶属度值都不大，而且差距很小，做出低危险等级的评价是不适宜的。因此，在这种情况下，采用最大贴近度原则确定评价结果。

根据总目标层在评判集上的评判，如果 $H_k=\max H_i<0.5$，计算出 $\sum_{i=1}^{k-1}H_i$ 及 $\sum_{i=k+1}^{5}H_i$，其中，按以下判别原则进行评定：

1)若 $\sum_{i=1}^{k-1}H_i\leqslant0.5$ 且 $\sum_{i=k+1}^{5}H_i\leqslant0.5$，则按 H_k 所属等级评定；

2)若 $\sum_{i=1}^{k-1}H_i\geqslant0.5$，则按 H_{k-1} 所属等级评定；

3)若 $\sum_{i=k+1}^{5}H_i\geqslant0.5$，则按 H_{k+1} 所属等级评定。

根据这个原则，上述例子中的地市属于较低危险等级，而非低危险等级，这个评判结果更加合理。该方法能够较好地避免统计数据中出现极大值或极小值影响归一化数值的问题，并且每个地区的三性质等级划分可以单独进行，与其他地区数据无关。

2.3.1.4 旱灾综合风险等级确定方法

采用模糊数学方法对旱灾综合风险进行等级划分。

$$r_i=\frac{1}{1+\left(\dfrac{R_i-R_{\max}}{R_i-R_{\min}}\right)^{2/p}}\tag{2.22}$$

式中：r_i 为风险等级隶属度值；R_i 为计算地市 i 的风险值；$R_{\max}$ 为所有地市风险最大值；$R_{\min}$ 为所有地市风险最小值；系数 p 取1。

2.3.2 基于区域灾害系统理论的全国农业旱灾风险评估

本书以地级市为评估单元，采取基于区域灾害系统理论的旱灾风险评估方法，对全国341个统计单元(其中，332个地级市，4个直辖市，5个省直辖区)进行农业旱灾风险性分析，包括农业旱灾危险性评估、农业旱灾暴露性评估、农业旱灾脆弱性评估和农业旱灾综合风险评估。

2.3.2.1　农业旱灾危险性评估

1. 农业旱灾危险性评估指标选择

农业旱灾危险性是指一定孕灾环境下，给农业生产活动带来损害的干旱事件发生的可能性。区域旱灾危险性是对干旱的时空规模、强度、烈度和变异性等特征的描述，它往往是气象、水文等若干个干旱指标的综合反映。考虑到指标的代表性以及数据的可获取性，本书中选取年平均降水量、降水量年际间变差系数、亩均水资源量、水资源量年际间变差系数作为农业旱灾危险性评估指标。简单地说，多年平均降水量越少，变差系数越大，农业旱灾危险性越高；亩均水资源量越少，变差系数越大，农业旱灾危险性越高。

(1)年平均降水量。

降水是指液态或固态的水汽凝结物从云中降落到地面的现象，如雨、雪、雹、等。降水是水文循环中最活跃的因子，既是一种气象要素，也是一种水文要素。年平均降水量，是指某地多年降水量总和除以年数得到的均值，表征某地区气候干湿状况最直观、最简便的指标，反映了一个地区旱灾形成的自然背景情况。其计算式如下：

$$\bar{P}=\frac{\sum_{i=1}^{n} p_i}{n} \tag{2.23}$$

式中：$\bar{P}$ 为年平均降水量；p_i 为某一年降水量；n 为资料统计年数。

本书中，降水资料来自国家气象局 760 个国家站 1956—2010 年统计资料。

国际上，将年平均降水量少于 250mm 的地区称为干旱地区；年平均降水量 250～500mm 的地区称为半干旱地区；年平均降水量 500～750mm 的地区称为半湿润地区；年平均降水量 750mm 以上的地区称为湿润地区。按照这个标准，我国年平均降水量为 630mm，为半湿润地区。但是，由于地理位置距海洋远近不同，地形地势的差异，降水量时空分布不均，如此一来，旱灾形成的自然背景差异也是较大的。

从地域上来说，总体呈现从东南沿海向西北内陆递减的特点。东南沿海的广东、广西东部、福建、江西和浙江大部以及台湾等地区年平均降水量为 1500～2000mm；长江中下游地区为 1000～1600mm；淮河、秦岭一带和辽东半岛年平均降水量为 800～1000mm；黄河下游、渭河、海河流域以及东北大兴安岭以东大部分地区为 500～750mm；黄河上、中游及东北大兴安岭以西地区为 200～400mm；西北内陆地区年平均降水量为 100～200mm；新疆塔里木盆地、吐鲁番盆地和柴达木盆地不足 50mm，盆地中心不足 20mm。全国年平均降水量分布见图 2.4。

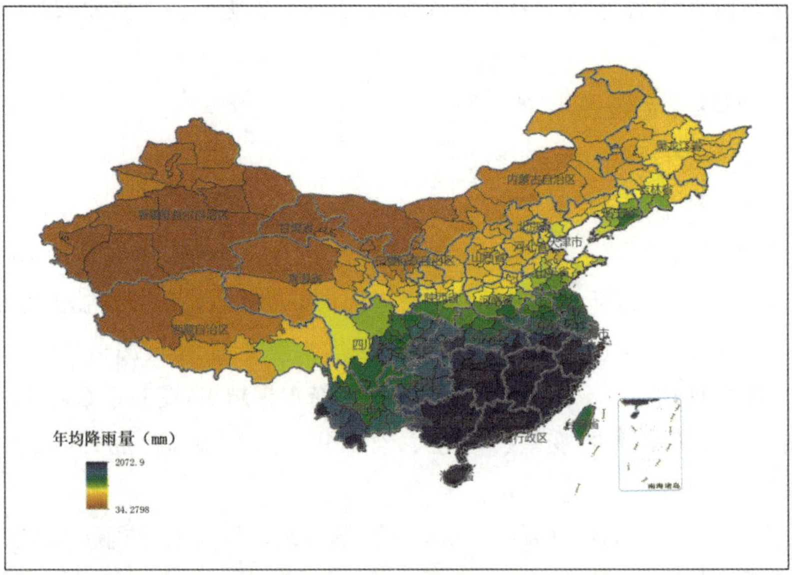

图 2.4 全国年平均降水量分布情况

从时间上来看，受季风气候的影响，我国降水年内分配也非常不均，主要集中在汛期，集中程度、集中时段随地域不同而不同。多数地区汛期降水量占全年总量的 60%～80%。总体上，北方集中程度高于南方，西部高于东部。

(2)降水量年际间变差系数。

年平均降水量反映的是相对于其他地区而言的，某一地区降水总量的丰歉情况。而从第 2 章中有关旱灾形成机制的分析来看，旱灾源于干旱，而干旱表现为一种临时性的异常现象，因此，本书中还选取了降水量年际间变差系数作为农业旱灾危险性评估指标。降水量年际间变差系数反映的是降水量相对离散程度，即某一地区降水量年际波动情况，变差系数越大，表示年际变化越大，旱灾危险性越高。其计算式如下：

$$C_v = \frac{\sigma_P}{\bar{P}} \tag{2.24}$$

$$\sigma_P = \sqrt{\frac{\sum_{i=1}^{n}(P_i - \bar{P})}{n}} \tag{2.25}$$

式中：C_v 为降水量年际间变差系数；σ_P 为降水量均方差；$\bar{P}$ 为年平均降水量；P_i 为某一年降水量；n 为资料统计年数。

总体来说，我国各地降水量年际间变化很大。从最大年降水量与最小年降水量的比值来看，西北地区最大，一般可超过 8 倍，华北地区 4～6 倍之间，东北地区为 3～4 倍，南方地区为 2～3 倍，而西南地区最小，大多小于 2 倍。图 2.5 所示是全国降水量年际间变差系数分布图，可见变差系数呈现北方大、南方小，西部大、东部小的特点。具体而言，六大区中，变差系数最大的出现在西北地区，其次是黄淮海、长江中下游、东北、华南，最小的出现在西南地区。表明西南地区降水量比较稳定，而西北地区变化最剧烈，这种剧烈变化也在一定程度上增加了旱灾危险性。

图 2.6 所示是年平均降水量与降水量年际间变差系数之间的相关关系，可以发现年平均降水量与降水量年际间变差系数呈负相关关系，即变差系数随着降水量的增大而减小。换言之，降水量丰沛的地区往往年际间变化小，而降水量较少的地区年际变化很大，时空分布不均的特点更加突出。

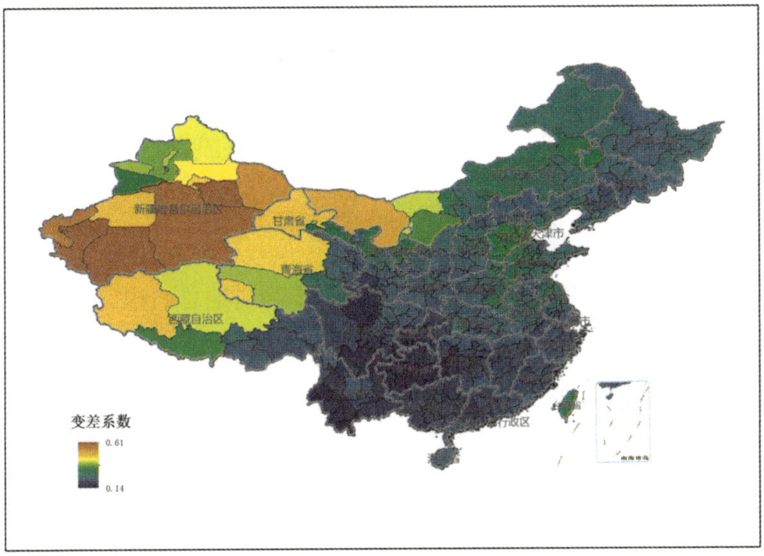

图 2.5　全国降水量年际间变差系数分布情况

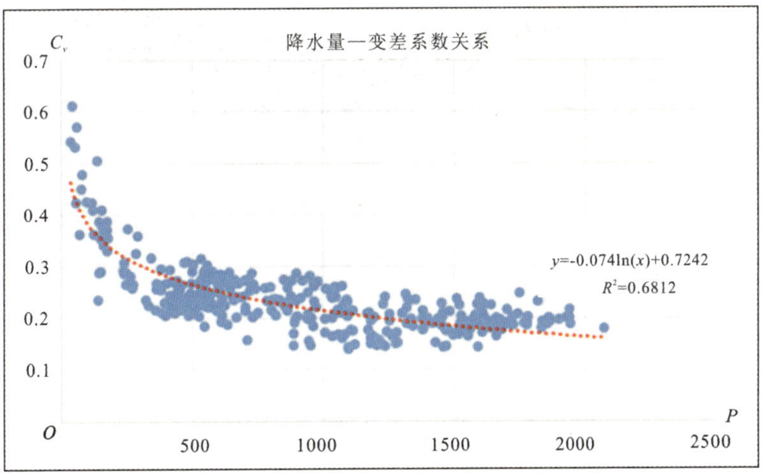

图 2.6　年平均降水量与降水量年际间变差系数关系图

(3)亩均水资源量。

我国湖泊、江河以及冰川资源较丰富。据《2012 年水资源公报》统计，全国水资源总量为 29528.8 亿 m^3，其中地表水资源量 28373.3 亿 m^3，折合年径流深 299.6mm，占降水总量的 43.5%，平均单位面积产水量约为 30 万 m^3/km^2，矿化度小于等于 2g/L 地区的地下水资源量 8296.4 亿 m^3，地下水与地表水资源不重复量为 1155.5 亿 m^3。然而，尽管我国水资源总量较为丰富，但各地区之间水资源丰富程度差别较大，南北方之间、上下游之间水资源分布同人口、耕地分布极不匹配。南方国土面积占全国的 36%，耕地占 40%，水资源总量占全国的 81%，人均水资源量约 3300m^3，属土地资源少而水资源相对丰富的地区；北方地区国土面积占全国的 64%，耕地占 60%，但水资源总量仅占全国的 19%，人均水资源占有量为 900m^3，属于土地资源多而水资源贫乏的地区。其中，黄河、淮河、海河三大流域，耕地占全国的 36.5%，人口占 35%，水资源总量仅占全国的 7.5%。为此，本书选取亩均水资源量作为农业旱灾危险性评估指标，以反映各地农业生产用水的天然可获取性。其计算式如下：

$$W_a = \frac{\bar{W}}{A} \tag{2.26}$$

式中：W_a 为亩均水资源量；$\bar{W}$ 为年平均水资源量；A 为耕地总面积。

图 2.7 所示是全国亩均水资源量空间分布情况。由图可见，在六大区中，黄淮海地区的亩均水资源量最少，其次是东北地区、西北地区中东部、长江中下游北部，最后是西南和华南。

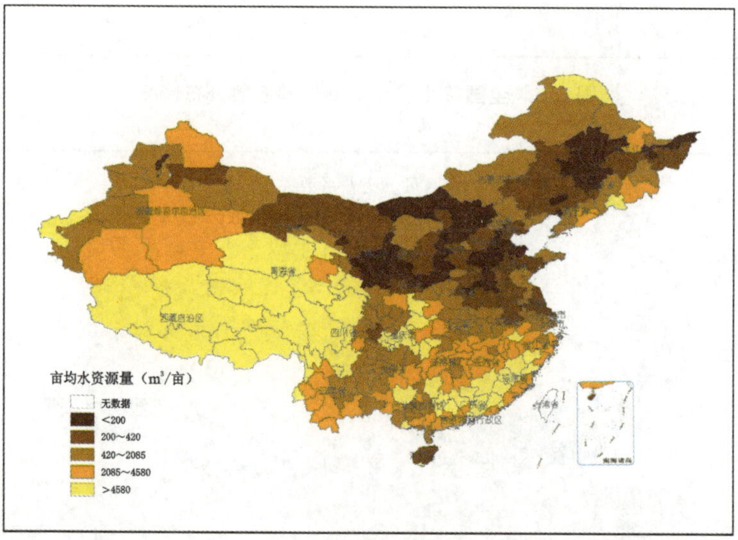

图 2.7　全国亩均水资源量分布情况

(4)水资源量年际间变差系数。

亩均水资源量反映的是相对于其他地区而言，某一地区耕地获取天然水资源的最大可能。但考虑到受降水、下垫面条件的影响，作为水资源主体的河川径流随时间变化的幅度比降水还要大，本书中选取水资源量年际间变差系数作为农业旱灾危险性评估指标。水资源量年际间变差系数反映的是水资源量相对离散程度，即某一地区水资源量年际波动情况，变差系数越大，表示年际变化越大，旱灾危险性越高。其计算式如下：

$$C_v = \frac{\sigma_W}{\overline{W}} \tag{2.27}$$

$$\sigma_W = \sqrt{\frac{\sum_{i=1}^{n} (W_i - \overline{W})}{n}} \tag{2.28}$$

式中：C_v 为水资源量年际间变差系数；σ_W 为年水资源量均方差；$\overline{W}$ 为年平均水资源量；W_i 为某一年水资源量；n 为资料统计年数。

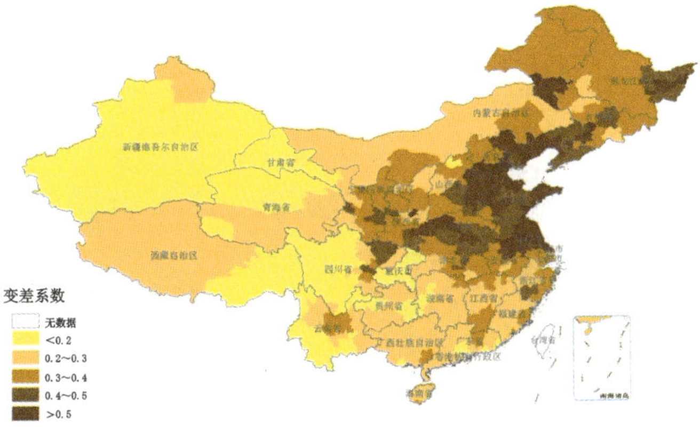

图 2.8　全国水资源量年际间变差系数分布情况

图 2.8 所示是全国水资源量年际间变差系数分布。从图中可以看出，北方地区的水资源年际变幅较大，其中黄淮海地区的水资源年际变幅最大，很多地区水资源变差系数超过 0.5 以上，其次是东北地区，水资源变差系数也较大。南方地区要小一些。这主要是与作为水资源主体的河川径流年际变化大有关，北方河流年径流比值一般较高，有的河流比值高达 10 以上，长江以南各河年径流比值一般在 5 以下。

除了年际间变化幅度大，我国河川径流的年内分配，具有夏季丰水、冬季枯水、春秋过渡的特点。长江以南、云贵高原以东大部分地区，4—7 月的径流量占全年径流量的 60%左右；长江以北地区河川径流的年内集中程度更高，如华北平原以及辽宁沿海平原，6—9 月径流量占全年径流量的 80%以上，其中海河平原可高达 90%；西南地区河流，6—9 月或 7—10 月径流量占年径流量的比重一般为 60%～70%。

2. 农业旱灾危险性评估指标权重确定

根据层次分析法的思路，用经验打分的方法确定比较判断矩阵，并由此计算出权重系数，见表 2.3。

表 2.3 农业旱灾危险性指标比较判断矩阵及权重

	年平均降水量	降水量年际间变差系数	亩均水资源量	水资源年际间变差系数	权重
年平均降水量	1	1	1	1	0.25
降水量年际间变差系数	1	1	1	1	0.25
亩均水资源量	1	1	1	1	0.25
水资源年际间变差系数	1	1	1	1	0.25

如表所示，认为年平均降水量、降水量年际间变差系数、亩均水资源量、水资源年际间变差系数等 4 个农业旱灾危险性评估指标，对于危险性具有相同的重要性，权重均为 0.25。

3. 农业旱灾危险性各评估指标等级划分

本书中，将危险性等级划分为低危险、较低危险、一般危险、较高危险、高危险 5 个等级。依据 2.3.1.3 中单个指标等级划分标准的确定方法，确定年平均降水量、降水量年际间变差系数、亩均水资源量、水资源年际间变差系数等 4 个农业旱灾危险性评估指标的等级阈值标准，见表 2.4。

表 2.4 农业旱灾危险性评价指标等级划分标准

目标	因素	指标	低危险	较低危险	一般危险	较高危险	高危险
农业旱灾危险性	气象因素	年均降水量(mm)	>1430	1100～1430	710～1100	390～710	<390
		降水量 C_v	<0.17	0.17～0.21	0.21～0.26	0.26～0.31	>0.31
	水文因素	亩均水资源(m^3/亩)	>4580	2085～4580	420～2085	200～420	<200
		水资源 C_v	<0.20	0.20～0.30	0.30～0.40	0.40～0.50	>0.50

4. 农业旱灾危险性评估结果

由于危险性反映的是旱灾形成的自然背景，本书中选取多年平均降水量、亩均水资源量等反映水文气象自然禀赋条件，选取降水量年际间变差系数、水资源量年际间变差系数等反映水文气象因素的自然异常情况，即通过 4 个指标来共同表征农业旱灾危险性。依据 2.3.1.3 中旱灾风险构成要素等级确定方法，得到全国 341 个统计单元(其中，332 个地级市，4 个直辖市，5 个省直辖区)的农业旱灾危险性评估结果，见图 2.9。从图中可以看出，农业旱灾危险性区域分布规律较明显，整体呈现北方高、南方低，西部高、东部低的特点。

就六大区而言，农业旱灾危险性大致表现为：西北地区>黄淮海地区>东北地区>长江中下游地区>西南地区>华南地区。西北地区发生农业干旱的可能性最大，高危险等级和较高危险等级地级市分别占该地区地级市总数的 22%和 50%；黄淮海地区和东北地区发生农业干旱的可能性也较大，较高危险等级以上的地级市分别占所在地区地级市总数的 94%和 72%；长江中下游地区、西南地区、华南地区发生农业干旱的可能性相对较低，这些地区降水量较充足，年际年内变化小，河流水系密布，水资源量相对丰沛，见图 2.10。

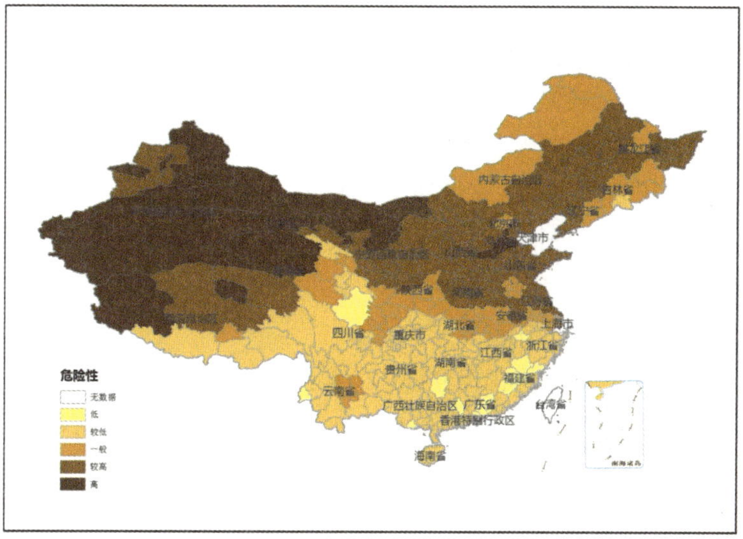

图 2.9　全国农业旱灾危险性等级分布情况

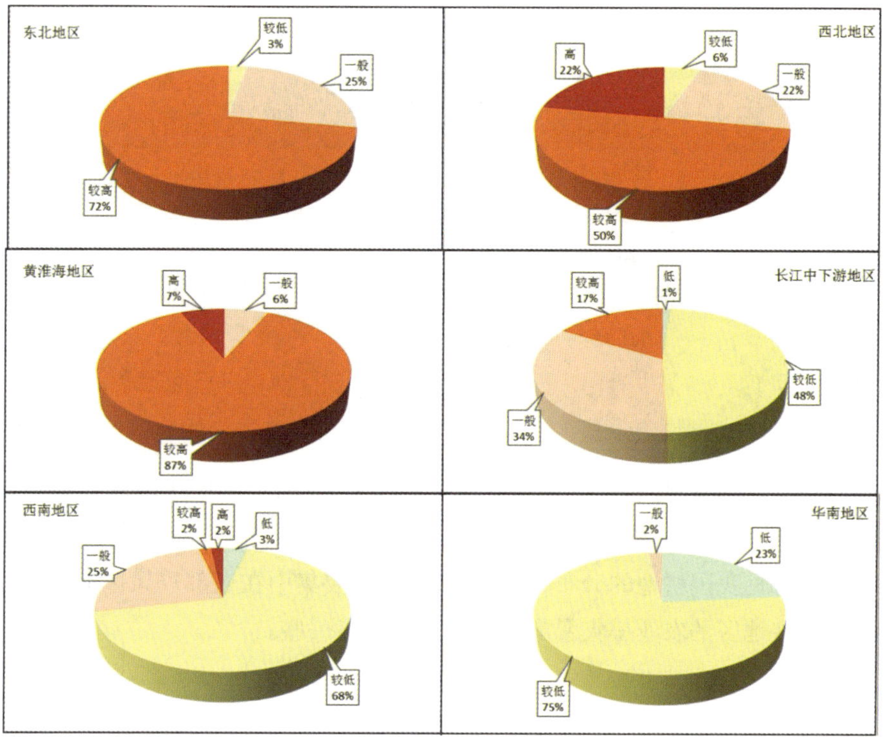

图 2.10　六大区不同农业旱灾危险性等级地市占比情况

2.3.2.2 农业旱灾暴露性评估

1. 农业旱灾暴露性评估指标选择

农业旱灾暴露性是指一定孕灾环境下，受干旱事件威胁地区农业生产活动的分布特征，主要体现为农业生产范围、数量、密度、产值等。一般而言，一个地区暴露的价值密度越高、人口越多，灾害风险也越大。就农业来说，主要考虑暴露于旱灾危险之中的农业生产范围大小以及产值高低。考虑到数据的代表性和可获取性，本书主要选取耕地面积占国土面积的比例和单位面积粮食产量两个指标作为农业旱灾暴露性评估指标。简单地说，耕地面积比例越大，粮食单产越高，农业旱灾暴露性越高。

(1)耕地面积占国土面积的比例。

我国是一个农业大国，农业在国民经济中的地位十分重要。其中，种植业是我国最重要的农业生产部门，主要粮食作物有水稻、小麦、玉米、大豆等，经济作物有棉花、花生、油菜、甘蔗和甜菜等。目前，我国的粮食、棉花、油菜籽、烟叶、肉类、蛋类、水产品、蔬菜产量均居世界首位。截至2012年，全国耕地面积为18.26亿亩，作物播种面积24.51亿亩，其中粮食作物16.68亿亩，见表2.5。第一产业产值52373.63亿元，占全国生产总值的10.1%。粮食总产量58958.0万t，其中谷物53934.7万t。

表2.5 全国主要粮食作物播种面积及产量 (单位:万亩)

农作物总播种	2000年	2010年	2011年	2012年
面积	234450	241012.5	243424.5	245124
粮食	162694.5	164814	165859.5	166809
谷物	127896	134776.5	136524	138918
稻谷	44943	44809.5	45085.5	45205.5
小麦	39979.5	36385.5	36405	36402
玉米	34584	48750	50313	52545
豆类	18990	16914	15976.5	14563.5
薯类	15807	13125	13359	13329

考虑到农业种植面积是农业产量高低的重要因素之一，本书中选取耕地面积占国土面积的比例作为农业旱灾暴露性评估指标之一。图2.11所示是全国各地耕地面积占国土面积的比例情况，可见我国耕地的分布也是不均衡的，主要集中在东部季风区的平原和盆地地区。换言之，这些地区的农业旱灾暴露性相对而言更高一些。

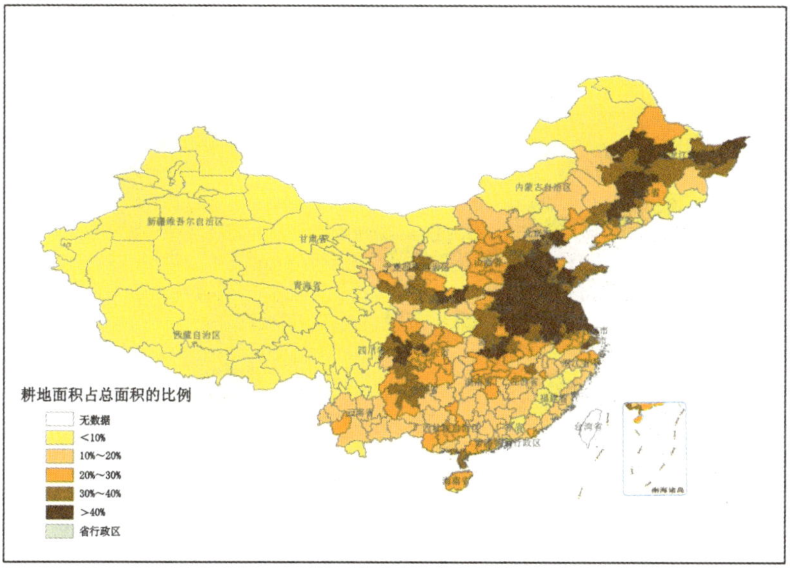

图 2.11　全国耕地面积分布情况

(2)单位面积粮食产量。

耕地面积占国土面积的比例表征的是农业可能遭受旱灾影响的范围指标，除此之外，还需要选择一个能够表征农业可能遭受旱灾影响的程度指标。为此，本书中选取单位面积粮食产量作为农业旱灾暴露性评估的另一项指标。

图 2.12 所示是全国各地的粮食单产情况。由图可见，东北地区、黄淮海地区、长江中下游地区三大区，不仅耕地面积比例大，粮食生产水平也较高，在全国占有十分重要的地位，同时，这些地区也是农业旱灾暴露性较高的地区。东北地区、黄淮海地区、长江中下游地区分布着全国 13 个粮食主产省(区)，分别是辽宁、河北、山东、吉林、内蒙古自治区、江西、湖南、四川、河南、湖北、江苏、安徽、黑龙江，粮食产量占全国总产量的 75.4%，约 95%的全国增产粮食来自粮食主产区。因此，这些地区一旦遭受旱灾，可能对全国的粮食安全造成较大影响。西北部分地市，由于灌溉配套设施较完善，粮食单产也很高，但是耕地面积比例很小，使得农业暴露性一般。西南、华南及西北大部分地区，耕地比例小，粮食单产也较低，因此暴露性在全国最低。

2. 农业旱灾暴露性评估指标权重确定

根据层次分析法的思路，用经验打分的方法确定比较判断矩阵，并由此计算出权重系数，见表 2.6。决定农业旱灾暴露性的种植规模和生产水平都十分重要，在暴露性评估中占有同样的权重。

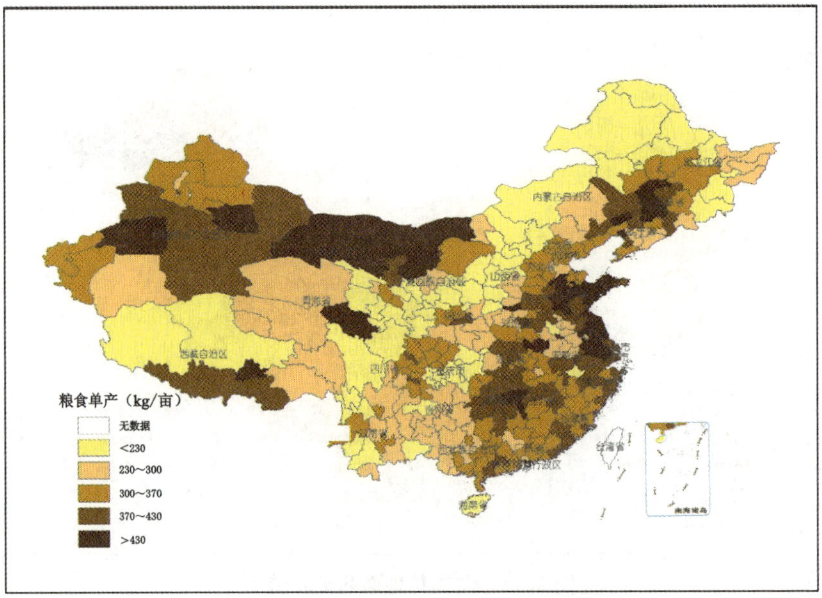

图 2.12　全国粮食单产分布情况

表 2.6　　农业暴露性指标及权重

目标	因素	指标	权重	指标含义
农业旱灾暴露性	生产规模	耕地面积占国土面积比例	0.5	(耕地面积/国土面积)×100%
	生产水平	粮食单产	0.5	粮食产量/粮食播种面积

3. 农业旱灾暴露性评估指标等级划分

我国 341 个统计单元中，耕地面积比例最大值出现在河南省漯河市，超过 70%，最小值出现在青海省果洛藏族自治州，不足 0.01%。从粮食单产情况看，单位面积粮食产量最大的是吉林省四平市，575.3537kg/亩，最小的是内蒙古自治区锡林郭勒盟，102.626kg/亩。本书中，将暴露性等级划分为低暴露、较低暴露、一般暴露、较高暴露、高暴露 5 个等级。依据单个指标等级划分标准的确定方法，确定耕地面积占国土面积比例、粮食单产2 个农业旱灾暴露性评估指标的等级阈值标准，见表 2.7。

表 2.7　　农业旱灾暴露性等级划分标准

指标	低暴露	较低暴露	一般暴露	较高暴露	高暴露
耕地面积占国土面积比例(%)	<7.5	7.5～20	20～30	30～45	>45
粮食单产(kg/亩)	<230	230～300	300～370	370～430	>430

4. 农业旱灾暴露性评估结果

依据旱灾风险构成要素等级确定方法，得到全国 341 个统计单元(其中，332 个地级市，4 个直辖市，5 个省直辖区)的农业旱灾暴露性评估结果，见图 2.13 和图 2.14。暴露性反映的是承灾体的资产、密度等情况，从图中可以看出，农业旱灾暴露性区域分布规律较明显，黄淮海地区、长江中下游地区、东北地区暴露性较大，大致表现为：黄淮海地区>长江中下游地区>东北地区>华南地区>西南地区>西北地区。黄淮海地区、长江中下游地区、东北地区农业旱灾暴露程度较高，这主要与我国粮食生产布局有关。全国 13 个粮食主产省(区)中，辽宁、吉林、黑龙江、河北、山东、河南、江苏、安徽、江西、湖南、湖北等 11 个省分布在这 3 个地区，粮食种植面积占全国粮食种植面积的 71.8%，粮食产量占全国总产量的 75.4%。因此，这些地区一旦遭受干旱，可能对全国的粮食安全造成较大影响。西南地区、华南地区及西北地区耕地面积比例较小，农业生产水平也相对较低，因此农业旱灾暴露性也较低。

2.3.2.3　农业旱灾脆弱性评估

1. 农业旱灾脆弱性评估指标选择

农业旱灾脆弱性是指一定孕灾环境下农业生产活动受干旱事件影响的敏感程度，体现为农作物自身抵御干旱事件影响的能力以及人类主动减轻干旱事件影响的能力。其中，农作物自身抵御干旱事件影响的能力主要取决于作物品种及其抗旱特性，人类主动减轻干旱事件影响的能力主要取决于在水利工程保障水平、经济实力支撑水平、生产技术适应水平和抗旱减灾应急水平等方面。考虑到我国农业抗旱减灾的实际以及数据的可获取性，本书未考虑农作物自身抵御干旱事件影响的能力，主要从人类主动减轻干旱事件影响的能力方面构建农业旱灾脆弱性评估指标，其中，水利工程保障水平通过耕地有效灌溉率、水资源开发利用程度、单位耕地面积工程供水量 3 项指标来反映，经济实力支撑水平通过农民人均收入来反映，生产技术适应水平通过节水灌溉率来反映，抗旱减灾应急水平通过抗旱专职人员数量、抗旱服务组织覆盖率 2 项指标来反映，见表 2.8。简单地说，水资源开发利用程度越大，越脆弱；有效灌溉率、单位耕地面积工程供水量、农民人均收入、节水灌溉率、专职抗旱人员、抗旱服务组织覆盖率越小，越脆弱。

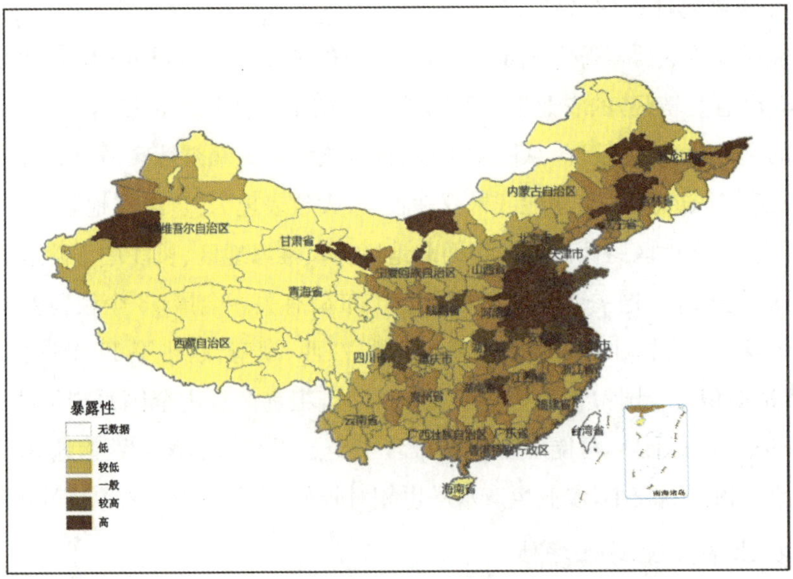

图 2.13　全国地级市农业旱灾暴露性等级分布情况

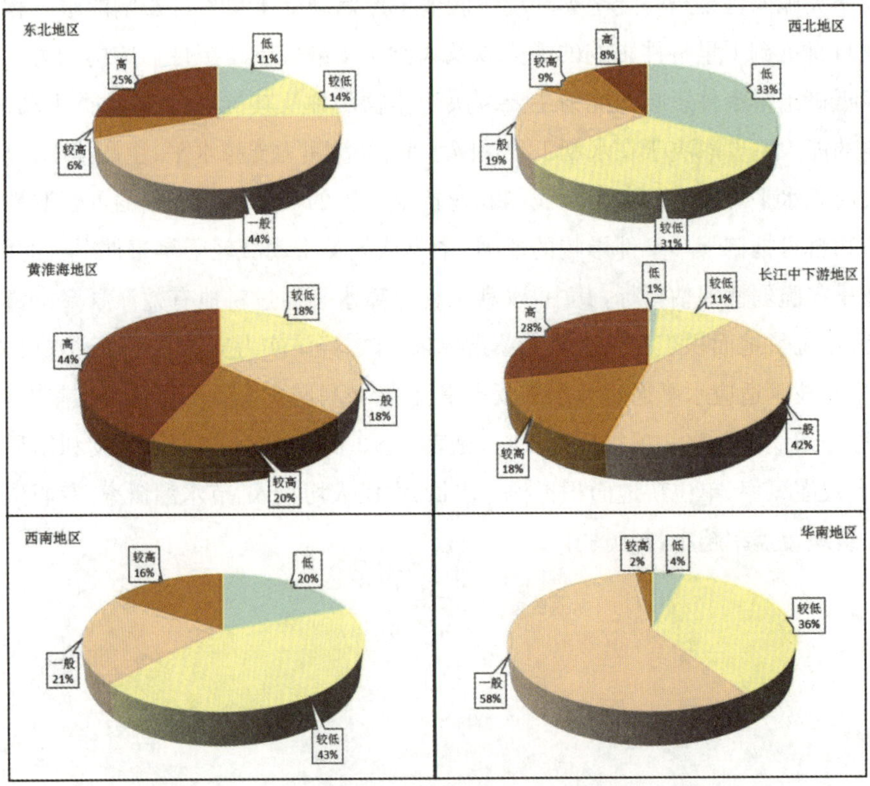

图 2.14　六大区不同农业旱灾暴露性等级地市占比情况

表 2.8　农业旱灾脆弱性评估指标

目标	因素	指标
农业旱灾脆弱性	水利工程保障水平	有效灌溉率
		水资源开发利用程度
		单位耕地面积工程供水量
	经济实力支撑水平	农民人均收入
	生产技术适应水平	节水灌溉率
	抗旱减灾应急水平	专职抗旱人员数量
		抗旱服务组织覆盖率

(1)水利工程保障水平。

水利工程保障水平是指蓄水工程、引水工程、提水工程、调水工程、节水灌溉工程、抗旱应急水源工程以及其他工程措施等基础水利设施在干旱发生期间，对于城镇生活或工业用水、农业灌溉用水所起到的保障作用。抗旱实践表明，水利设施是构成抗旱能力的核心部分。本书中，水利工程保障水平通过耕地有效灌溉率、水资源开发利用程度、单位耕地面积工程供水量 3 项指标来反映。

1)耕地有效灌溉率。

目前，全国农田有效灌溉面积 9.37 亿亩，仅占耕地面积的 51.5%，还有近半数的耕地是“望天田”，缺少基本灌溉条件。而且，现有灌溉排水设施大多建于 20 世纪 50—70 年代，普遍存在标准低、不配套、老化失修、效益衰减等问题。全国约 40%的大型灌区、50%～60%的中小型灌区、50%的小型农田水利工程设施不配套，大型灌排泵站设备完好率不足 60%。灌排设施薄弱仍然是影响农业稳定发展和国家粮食安全的最大硬伤(图 2.15)。为此，本书选取耕地有效灌溉率来反映当地灌溉工程的建设和配套情况。其计算式如下：

$$P_e = \frac{A_{ei}}{A} \times 100\% \tag{2.29}$$

式中：P_e 为耕地有效灌溉率；A_{ei} 为耕地有效灌溉面积；A 为耕地面积。

由图 2.15 可见，农业灌溉设施的建设和 3 个因素有关，一是种植规模，二是先天降水条件，三是地形条件。在西北地区，虽然农业种植比例不大，但是由于天然降水极少，不能满足作物的生长需要，因此该地区的农业必须发展灌溉和节水灌溉，灌溉率在全国是最高的，新疆地区的灌溉率甚至超过 90%。而在黄淮海地区，农业比重非常大，水资源条件又相对缺乏，大面积的平原适宜发展灌溉农业，因此，灌溉条件也是比较好的。在西南地区，山地丘陵面积大，农业种植比较分散，发展大规模的灌溉农业非常困难，因此该地区灌溉率在全国是比较低的，也加重了农业旱灾脆弱性。

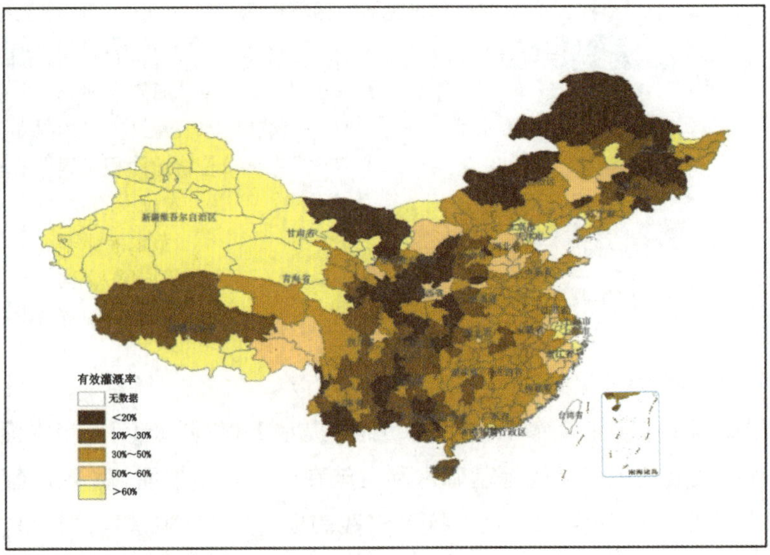

图 2.15 全国地级市农田有效灌溉率情况

2)水资源开发利用率。

水资源开发利用率，是指流域或区域耗水量占水资源总量的比例，是水资源利用中的耗水程度，反映的是水资源开发利用的程度。水资源开发利用率是指供水能力，即保证率为75%时可供水量与多年平均水资源总量的比值，反映了人类社会对自然界水资源的开发水平和利用程度。其计算式如下：

$$P_u = \frac{W_u}{W_t} \times 100\% \tag{2.30}$$

式中：P_u 为水资源开发利用率；W_u 为区域耗水量；W_t 为水资源总量。

我国水资源开发利用程度接近25%，从全国而言，不完全一样，呈现“北高南低”，南方特别是西南，水资源丰富而利用量少，利用程度低，而北方尤其是西北干旱地区和华北地区利用程度高。北方主要河流已超过50%，其中海河流域和黑河流域个别年份已超过90%。黄河、海河、辽河、淮河的水资源利用率一般都超过了国际警示线，部分内陆河超过100%，见图2.16。对于水资源开发利用程度越高的地区，人类剩余的调剂能力就越低，当遭遇干旱这一极端水文气象事件时，可能会越脆弱。

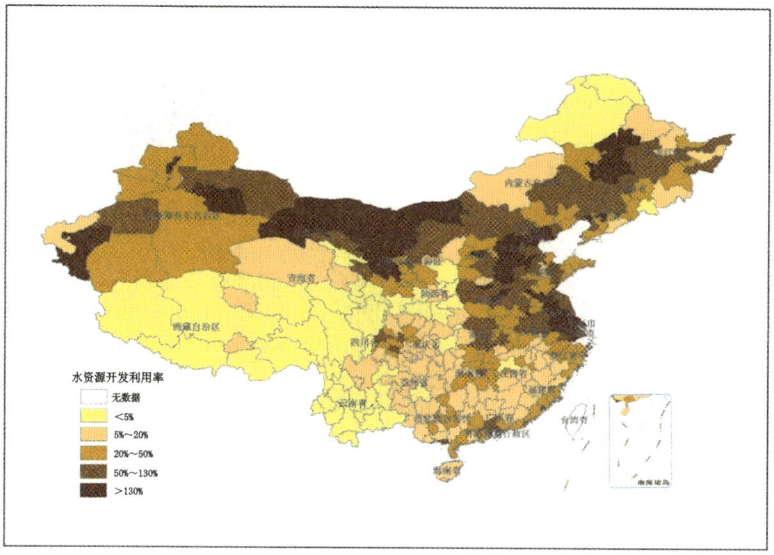

图 2.16　全国地级市水资源开发利用率情况

3)单位耕地面积工程供水量。

2012 年全国总供水量 6131.2 亿 m^3，占当年水资源总量的 20.8%。其中，地表水源供水量占 80.8%；地下水源供水量占 18.5%；其他水源供水量占 0.7%。在地表水源供水量中，蓄水工程占 31.4%，引水工程占 33.8%，提水工程占 31.0%，水资源一级区间调水量占 3.8%。在地下水供水量中，浅层地下水占 82.8%，深层承压水占 16.9%，微咸水占 0.3%。2012 年全国总用水量 6131.2 亿 m^3，其中农业用水占 63.6%，因此可用单位耕地面积工程供水量来反映某一地区农业生产实际可以获取水资源的能力。单位耕地面积工程供水量越大，即水资源获取能力越强，农业旱灾脆弱性越低。其计算式如下：

$$S_a = \frac{S_t}{A} \times 100\% \tag{2.31}$$

式中：S_a 为单位耕地面积工程供水量；S_t 为工程现状总供水能力；A 为耕地总面积。

图 2.17 是全国地级市单位耕地面积工程供水量情况。由图 2.17 可以比较明显地看出，像东北、黄淮海耕地面积大的地区，亩均工程供水量较小；而西北、华南耕地面积小的地区，亩均工程供水大。另外，西南地区虽然耕地较少，但是供水工程也相对缺乏，因此亩均工程供水也小。长江中下游地区，由于供水工程密集，耕地面积不大，亩均工程供水量也较大。从全国来看，这一指标在第二阶梯的脆弱性最大。

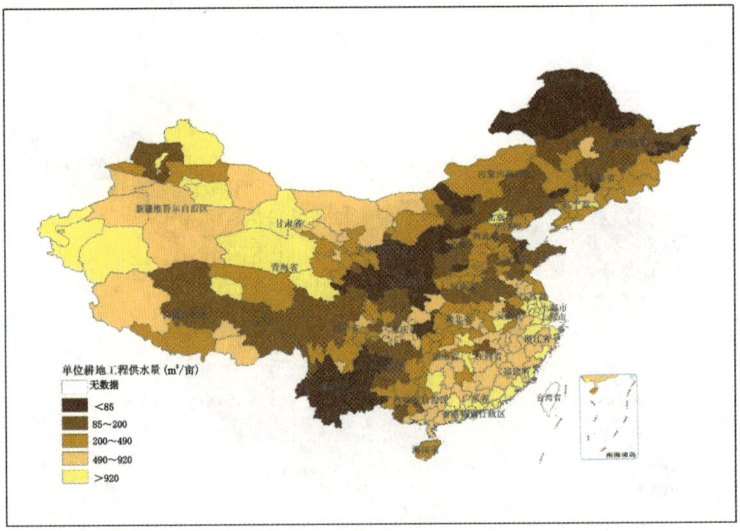

图 2.17　全国地级市单位耕地面积工程供水量情况

(2)经济实力支撑水平。

一个地区的经济发展水平反映了这个地区的经济实力和抗旱经济基础，是旱灾脆弱性影响因素中一个很重要的因素。抗旱是一项全社会的共同职责，对于农业抗旱来说，主要包括政府和农民两个主体。其中，政府的主要职责包括水利工程的修建、抗旱物资的储备、节水技术的推广、旱灾损失的救援以及应急抗旱资金投入等，这些都需要经济实力的有效支撑，但是这些资金的投入往往难以计算，而且跟不同的发展阶段关系比较大。随着旱灾风险理念的深入推行，农民在未来的干旱管理中需要承担更多的职责，因此，农民自身的经济实力支撑水平显得尤为重要。为此，本书中选取农民人均收入这一指标作为衡量某地农业旱灾经济实力支撑水平。

图 2.18 是全国地级市农民人均收入情况。由收集的全国地级市农民人均收入情况可见，在空间上，大体呈现东部收入高于西部的特点，其中沿海地区最高，其次是中部和北部，西南地区及西北部分地区经济较落后，农业也不发达，收入最低。在六大区中，收入从高到低依次是华南、长江中下游、黄淮海、东北、西北、西南。

(3)生产技术适应水平。

生产技术水平反映了人类为应对干旱等不利自然条件而发展的生产技能水平。譬如，通过采取雨水利用技术、高效节灌技术、保护性耕作技术、节水种植制度、土壤水库增容技术、抗旱节水品种研发、节水型农作制度与农田节水标准化技术等技术手段，来增强农业应对干旱的能力和水平。考虑到数据的可获取性，本书中选取节水灌溉率这一指标来反映农业生产技术的旱灾适应能力。其计算式如下：

$$P_{ci}=\frac{A_{ci}}{A_i}\times 100\% \tag{2.32}$$

式中：P_{ci} 为节水灌溉率；A_{ci} 为节水灌溉面积；A_i 为灌溉面积。

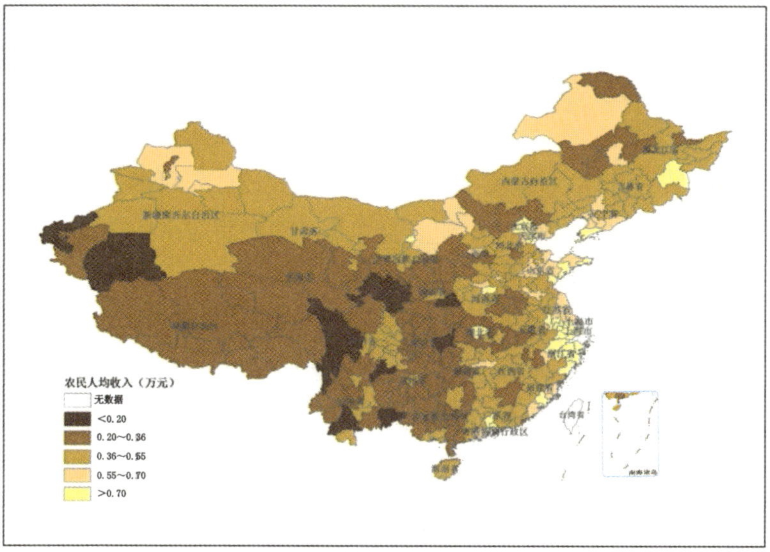

图 2.18　全国地级市农民人均收入情况

全国地级市农田节水灌溉率情况见图 2.19。节水灌溉情况与当地耕地面积、种植结构和天然降水情况相关。北方地区雨水资源匮乏，天然降水无法支撑作物生长，因此该地区的灌溉农业发展较快，节水灌溉率也相对较高。而南方地区的西南、华南及长江中下游地区，由于降水较多，作物种植面积又不是很大，因此灌溉农业需求不如北方强烈，另外山地丘陵地区也不适宜发展大规模灌溉。

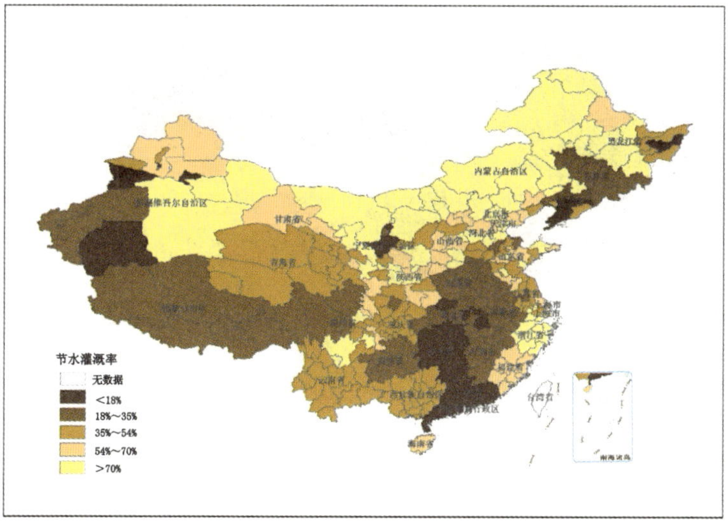

图 2.19　全国地级市农田节水灌溉率情况

(4)抗旱减灾应急水平。

在前面章节中,已经指出干旱是自然水循环过程的极端事件之一,是从降水变率意义上考虑的临时性水分短缺现象。作为一种随机现象,干旱可以发生在任何区域的任何时段,既可以出现在干旱或半干旱区的任何季节,也可发生在半湿润甚至湿润地区的任何季节。干旱的随机特性使得对干旱的应急响应显得尤为重要。在干旱期,当地政府的抗旱应急管理能力、抗旱应急供水能力、抗旱应急服务能力等对于高效、有序、科学应对干旱及其灾害至关重要。本书中,主要选取抗旱专职人员数量、抗旱服务组织覆盖率两项指标来反映抗旱减灾应急水平。

近年来,抗旱服务建设方面进步很大,但是全国各地水平差异还很大,从抗旱专职人员数量来看,很多地级市专职人员不足 5 人,甚至个别地区没有专职人员从事日常和应急抗旱工作。而中部地区,由于农业发达,旱灾影响较大,抗旱专职人员数量也相对较多。总体上,内蒙古、新疆这些偏远地区在这方面还非常不足,而中部平原、西南等地相对较好。全国地级市专职抗旱人数分布情况见图 2.20。

在收集全国 2000 多个县级行政区的抗旱服务组织资料基础上,计算每个地级市抗旱服务组织覆盖率,即已有抗旱服务组织的县数占所有县数的比例。从图 2.21 可见,西北、黄淮海、东北西部、西南东部、长江中下游中西部的县级抗旱服务组织建设比较健全,部分地区几乎每个县都有县级服务组织。而西南西部、华南、东北东部、长江中下游东部地区的县级服务组织建设还非常不完善,个别地区覆盖率还不足 2%,应急抗旱服务能力有待进一步提高。

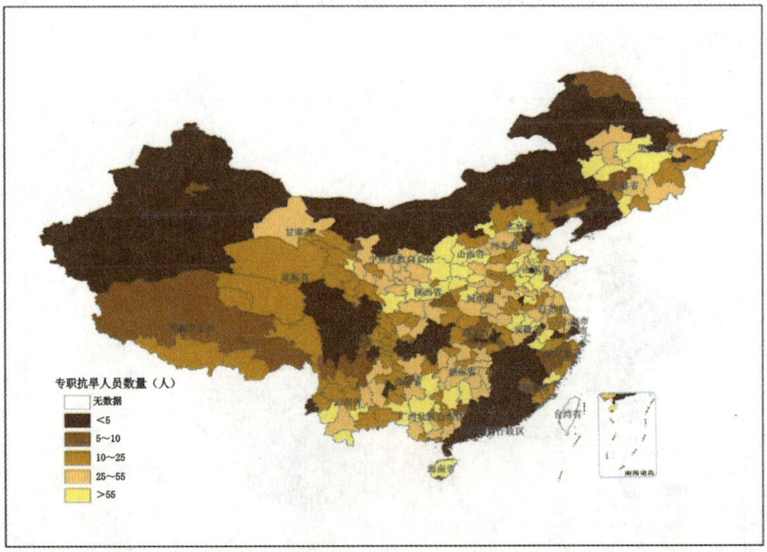

图 2.20 全国地级市专职抗旱人数分布情况

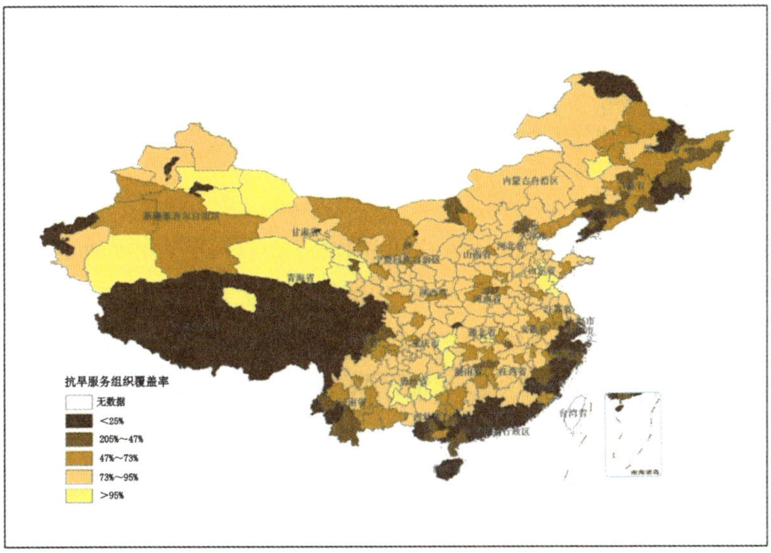

图 2.21　全国地级市抗旱服务组织覆盖率情况

2. 农业旱灾脆弱性评估指标权重确定

脆弱性的影响因素和指标比较多，用层次分析法确定各指标的权重。农业旱灾脆弱性指标评价矩阵见表 2.9，由判断矩阵得出脆弱性各指标的权重见表 2.10。经检验，评价矩阵具有一致性，所得各指标的权重值是合理的。

表 2.9　　农业脆弱性指标评价矩阵

	单位耕地面积工程供水量	有效灌溉率	水资源开发利用率	农民人均收入	抗旱专职人员数量	抗旱服务组织覆盖率	节水灌溉率
单位耕地面积工程供水量	1	1	2	3	3	2	2
有效灌溉率	1	1	2	3	3	2	2
水资源开发利用率	1/2	1/2	1	2	2	1	1
农民人均收入	1/3	1/3	1/2	1	1	1/2	1/2
抗旱专职人员数量	1/3	1/3	1/2	1	1	1/2	1/2
抗旱服务组织覆盖率	1/2	1/2	1	2	2	1	1
节水灌溉率	1/2	1/2	1	2	2	1	1

表 2.10　农业脆弱性指标的权重

指标	单位耕地面积工程供水量	有效灌溉率	水资源开发利用率	农民人均收入	抗旱专职人员数量	抗旱服务组织覆盖率	节水灌溉率
权重	0.2371	0.2371	0.1287	0.0699	0.0699	0.1287	0.1287

3. 农业旱灾脆弱性评估指标等级划分

依据2.3.1.3中单个指标等级划分标准的确定方法，得出农业旱灾脆弱性各评估指标等级划分标准，见表2.11。

表 2.11　农业旱灾脆弱性各指标等级划分标准

目标	因素	指标	低脆弱	较低脆弱	一般脆弱	较高脆弱	高脆弱
农业旱灾脆弱性	水利工程	有效灌溉率(%)	>60	50～60	30～50	20～30	<20
		水资源开发利用程度(%)	<5	5～20	20～50	50～130	>130
		单位耕地工程供水量(m^3/亩)	>920	490～920	200～490	85～200	<85
	经济实力	农民人均收入(万元)	>0.70	0.55～0.70	0.36～0.55	0.20～0.36	<0.20
	用水水平	节水灌溉率(%)	>70	54～70	35～54	18～35	<18
	应急抗旱能力	专职抗旱人员数量(人)	>55	25～55	10～25	5～10	<5
		抗旱服务组织覆盖率(%)	>95	73～95	47～73	25～47	<25

4. 农业旱灾脆弱性评估结果

本书中，将脆弱性等级划分为低脆弱、较低脆弱、一般脆弱、较高脆弱、高脆弱5个等级。依据旱灾风险构成要素等级确定方法，得到全国341个统计单元(其中，332个地级市，4个直辖市，5个省直辖区)的农业旱灾脆弱性评估结果，见图2.22和图2.23。从图中可以看出，我国有一半左右的地区处于高脆弱等级和较高脆弱等级，主要分布在第二阶梯的东北地区、西北地区东部、西南地区。总体来看，西南地区、西北地区东部农业旱灾脆弱性最高，抗旱能力不足的问题尤为突出，这主要与经济较落后、农业生产条件较差、应急抗旱能力较差等密切相关，也有待进一步提高，较高脆弱等级占比最高。不过，西北地区的新疆等地脆弱性较低，抗旱能力较强，这主要与当地农业灌溉基础设施较好、节水灌溉普及程度较高而且用地集中有关。东北地区由于耕地比例大，亩均工程供水量相对较小，灌溉比例和节水灌溉比例不高，该地区的脆弱性也较高。华南地区、长江中下游地区经济发达，农业用水保证率高，脆弱性相对较低。在一定孕灾环境下，在相同的致灾强度下，灾害会因设防能力、经济水平和人类对旱灾的反应不同而呈现出较大的差异，旱灾脆弱性的高低具有“放大”或“缩小”灾情的作用，同时也能客观反映人类对旱灾应付、缓冲和恢复能力的差异。

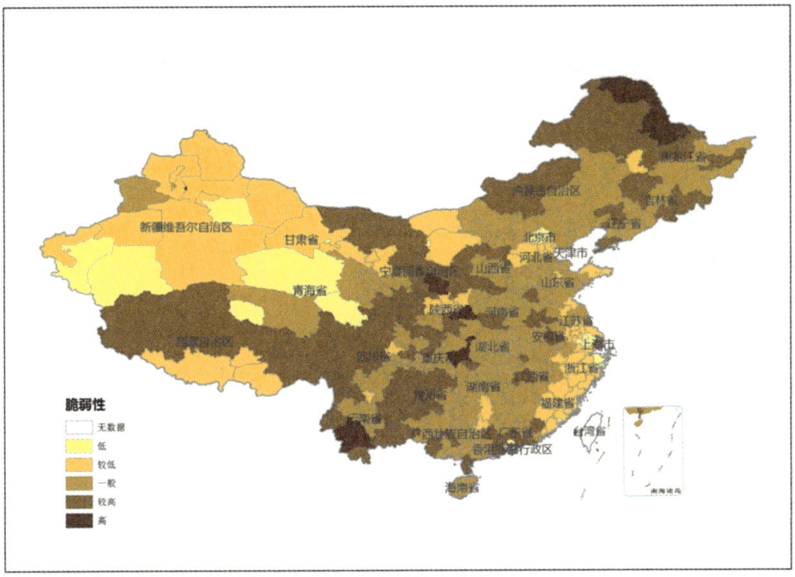

图 2.22　全国地级市农业旱灾脆弱性等级分布情况

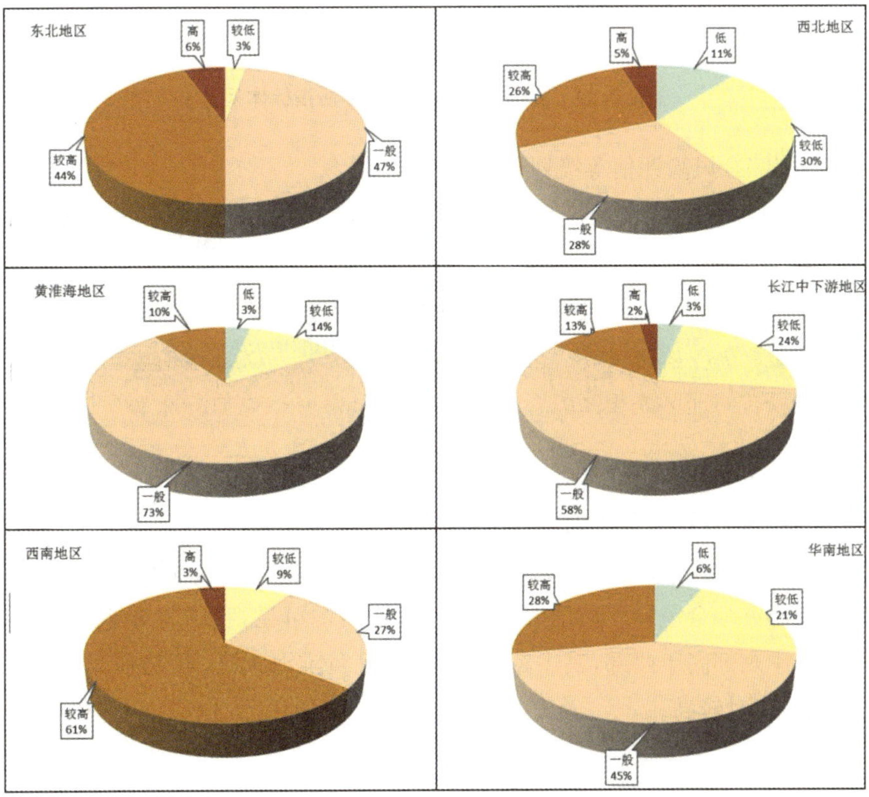

图 2.23　六大区不同农业旱灾脆弱性等级地市占比情况

2.3.2.4 农业旱灾风险评估

1. 农业旱灾风险评估指标体系

根据区域灾害系统论，农业旱灾综合风险是农业旱灾危险性、暴露性和脆弱性综合作用的结果。综合以上，可以得到农业旱灾风险评估的指标体系，见图 2.24。

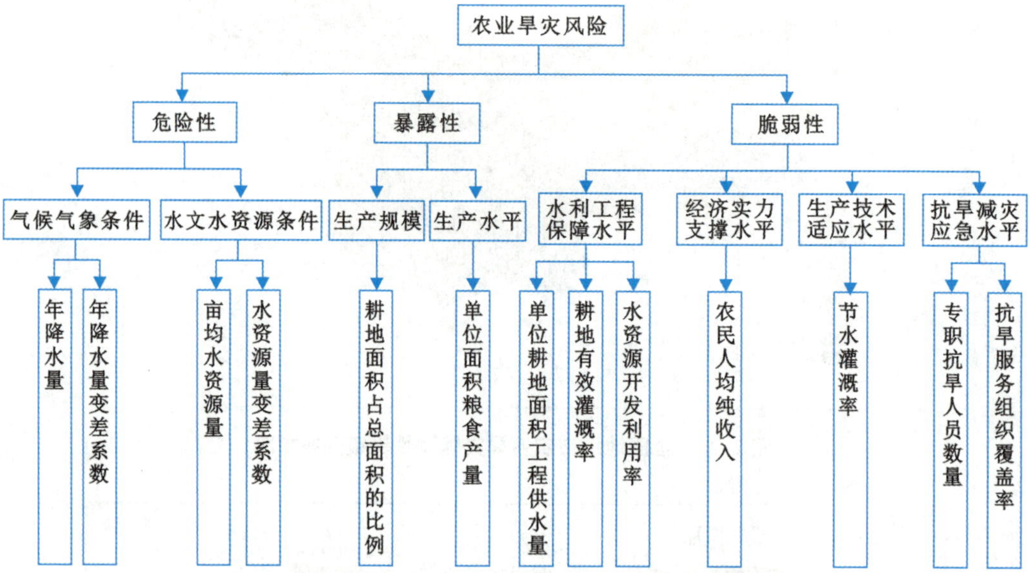

图 2.24 全国农业旱灾风险评估指标体系

2. 农业旱灾综合风险评估等级划分

根据 2.3.1.4 中旱灾综合风险等级确定的方法，确定农业旱灾综合风险等级，划分标准见表 2.12。

表 2.12 基于隶属度的风险等级划分依据

隶属度	低风险	较低风险	一般风险	较高风险	高风险
r_i	<0.017	0.017～0.197	0.197～0.413	0.413～0.592	>0.592

3. 农业旱灾风险评估结果

依据旱灾风险综合评估等级确定方法，采用旱灾风险相乘模型，计算得到全国农业旱灾综合风险评估结果，计算得到全国 341 个统计单元(其中，332 个地级市，4 个直辖市，5 个省直辖区)的农业旱灾综合风险评估结果，见图 2.25。由图可见，我国北方地区农业旱灾综合风险高于南方，中东部高于西部，其中东北地区西部、黄淮海地区、西北东部地区、长江中下游北部地区风险相对较高。

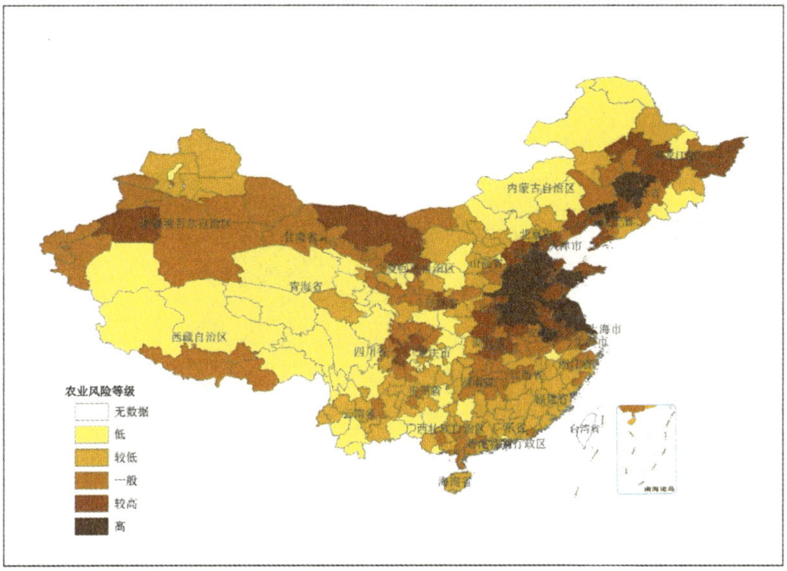

图 2.25　全国地级城市农业旱灾风险等级分布情况

2.3.3　基于区域灾害系统理论的全国城市旱灾风险评估

2.3.3.1　城市旱灾危险性评估

1. 城市旱灾危险性评估指标选择

由于危险性反映的是旱灾形成的自然背景，本书中选取年平均降水量、城市人均水资源量等反映自然禀赋条件，选取降水量年际间变差系数、水资源量年际间变差系数等反映水文气象因素的自然异常情况，即通过 4 个指标来共同表征城市旱灾危险性。年平均降水量越少，变差系数越大，危险性越高；城市人均水资源量越少，水资源量变差系数越大，危险性越高。其中，有关年平均降水量、降水量年际间变差系数、水资源量年际间变差系数的分析参见农业旱灾危险性分析，这里不再赘述。此处仅补充有关城市人均水资源量的分析。

人均水资源量是一个地区水资源丰沛程度的相对指标，在北方地区，人均水资源量明显少于南方，东部沿海人口密度大，人均水资源量也较少。像京津冀地区和宁夏、甘肃部分地区，水资源量少，人口多，水资源量已经成为人口规模继续增长的巨大限制。而南方地区和西部的青海、西藏，人口密度相对较小，水资源也相对丰沛，在支撑现有的人口方面是没有问题的。全国地级城市人均水资源量见图 2.26。

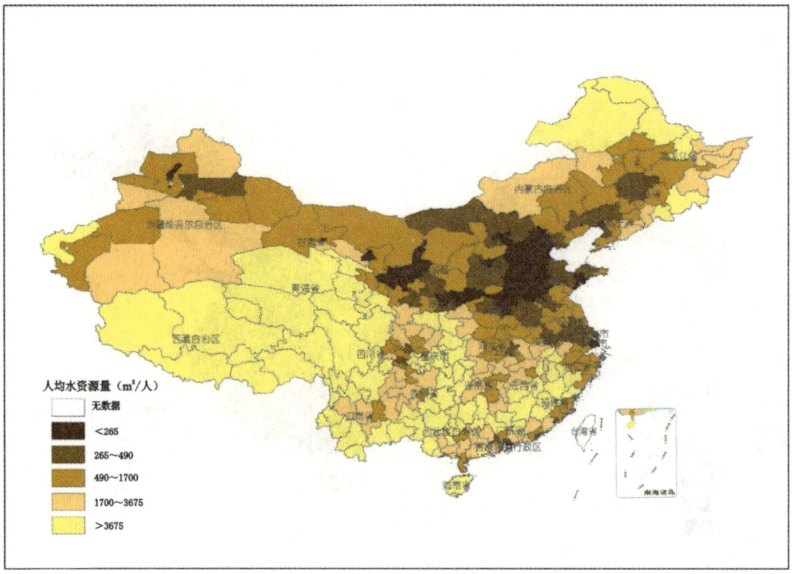

图 2.26 全国地级城市人均水资源量情况

2. 城市旱灾危险性指标权重确定

根据 2.3.1.2 中层次分析法的思路，用经验打分的方法确定比较判断矩阵，并由此计算出权重系数，见表 2.13。城市旱灾危险性的评估指标权重与农业类似，即 4 个指标具有相同的重要性，权重都是 0.25。

表 2.13 危险性指标比较判断矩阵

	多年平均降水量	年降水量变差系数	人均水资源量	水资源变差系数	权重
年平均降水量	1	1	1	1	0.25
降水量年际间变差系数	1	1	1	1	0.25
人均水资源量	1	1	1	1	0.25
水资源量年际间变差系数	1	1	1	1	0.25

3. 城市旱灾危险性评估指标等级划分

依据 2.3.1.3 中单个指标等级划分标准的确定方法，确定年平均降水量、降水量年际间变差系数、人均水资源量、水资源年际间变差系数等 4 个城市旱灾危险性评估指标的等级阈值标准，见表 2.14。

表 2.14　　城市旱灾危险性评价指标等级划分标准

目标	因素	指标	低危险	较低危险	一般危险	较高危险	高危险
城市旱灾危险性	气象因素	年均降水量(mm)	＜457	457～774	774～1155	1155～1470	＞1470
		降水量 C_v	＜0.18	0.18～0.21	0.21～0.25	0.25～0.28	＞0.28
	水文因素	人均水资源量(m^3/人)	＞3675	1700～3675	490～1700	265～490	＜265
		水资源量 C_v	＜0.22	0.22～0.31	0.31～0.42	0.42～0.51	＞0.51

4. 城市旱灾危险性评估结果

依据 2.3.1.3 中旱灾风险构成要素等级确定方法，得到全国地级城市旱灾危险性评估结果，见图 2.27 和图 2.28。由于城市旱灾危险性指标与农业旱灾危险性指标相近，评价结果与农业旱灾危险性相差不多，即区域分布规律较明显，北方地区明显比南方地区更危险，西部地区比东南部地区更危险。

就六大区而言，城市旱灾危险性和农业旱灾危险性略有不同，表现为：黄淮海地区＞西北地区＞东北地区＞长江中下游地区＞西南地区＞华南地区。具体来说，黄淮海地区城市旱灾危险性最高，高危险和较高危险地级市分别占 19%和 78%；西北地区和东北地区城市旱灾危险性也较高，较高危险等级以上的地级市分别占 78%和 68%；长江中下游地区、西南地区、华南地区城市旱灾危险性较低。

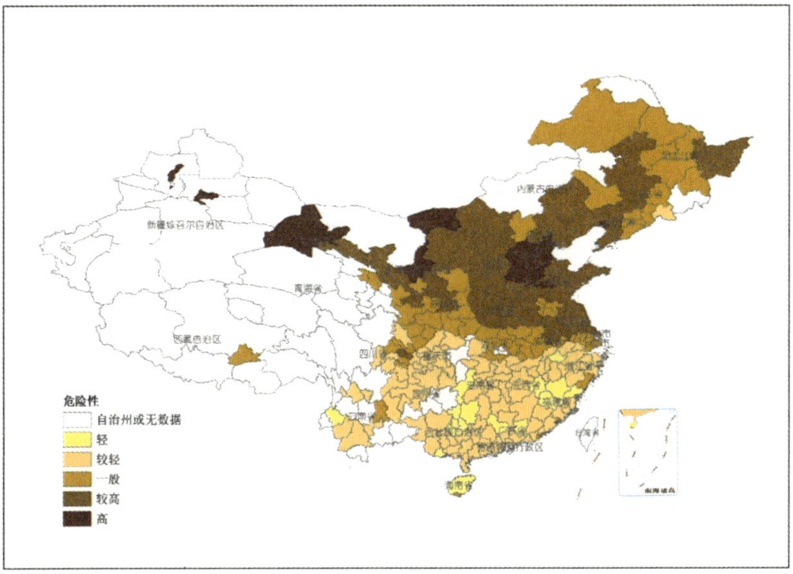

图 2.27　全国地级城市旱灾危险性等级分布情况

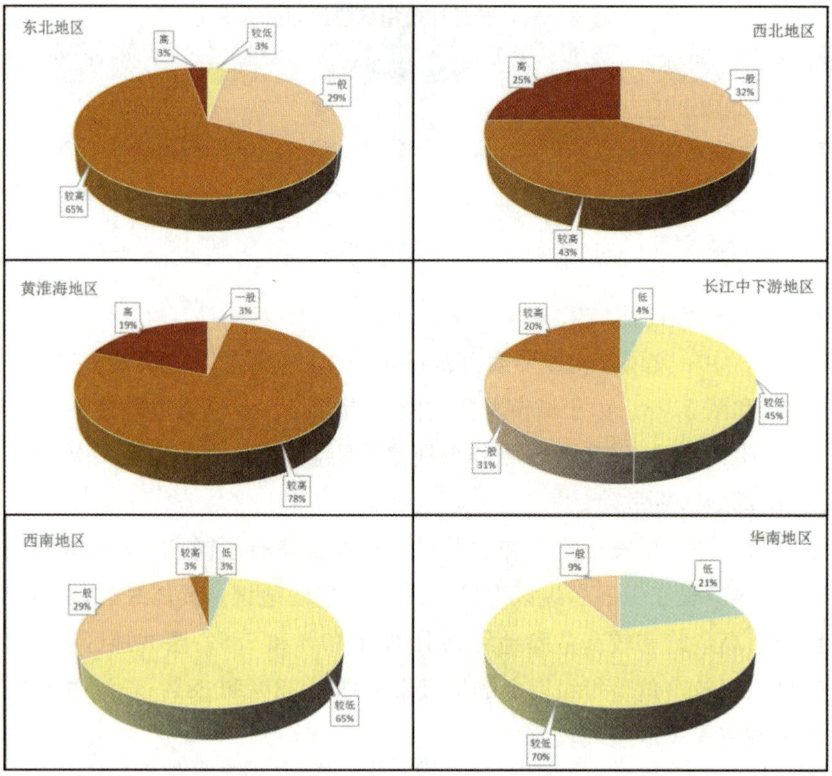

图 2.28　六大区不同城市旱灾危险性等级地市占比情况

2.3.3.2　城市旱灾暴露性评估

1. 城市旱灾暴露性评估指标选择

旱灾暴露性评估是研究受干旱威胁地区承灾体的种类、范围、数量、密度、价值等。一般而言，一个地区暴露的价值密度越高、人口越多，灾害风险也越大。就城市来说，主要考虑暴露于旱灾危险之中的人口以及产值高低，考虑到数据的代表性和可获取性，本书主要选取城市人口密度、人均 GDP 两项指标作为城市旱灾暴露性评估指标。简单地说，城市人口密度越大，人均 GDP 越高，城市旱灾暴露性越高。

(1)城市人口密度。

在我国，城市人口密集程度呈现东部高于西部、北方高于南方的趋势，大城市高于小城市，经济发达地区高于落后地区，平原区高于山丘区。其中，黄淮海地区人口密度最大，其次是长江中下游及华南的沿海地区，见图 2.29。

(2)城市人均 GDP。

人均 GDP 是反映城市生产水平的指标，在我国，城市发展定位和产业结构决定了生产水平高低，其中东部沿海地区由于地理位置优越，河流及水资源发达，水运方便，对外贸易频繁等原因，经济最发达，人均 GDP 高，城市旱灾暴露性较高；西北、西南内陆地区由于气候恶劣，地势多变导致交通不便利，教育文化欠发展，因此经济较落后，人均 GDP 较低，城市旱灾暴露性较低。见图 2.30。

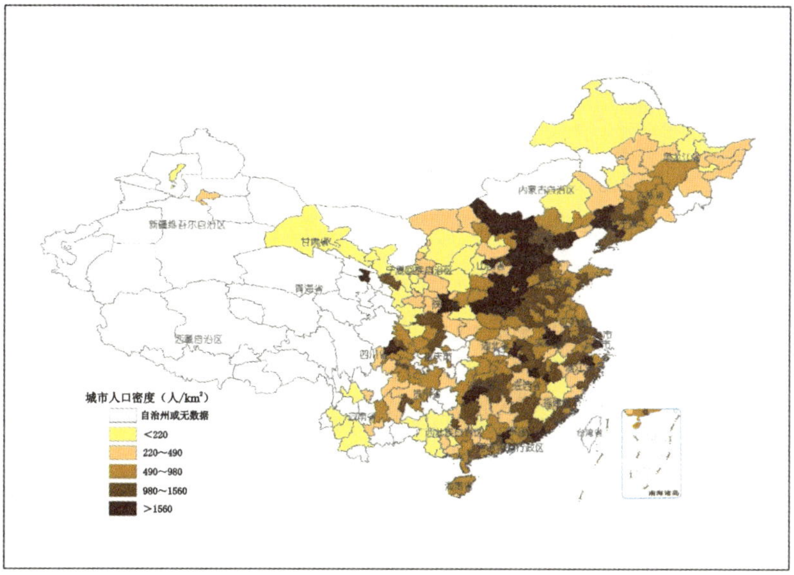

图 2.29　全国地级城市人口密度分布情况

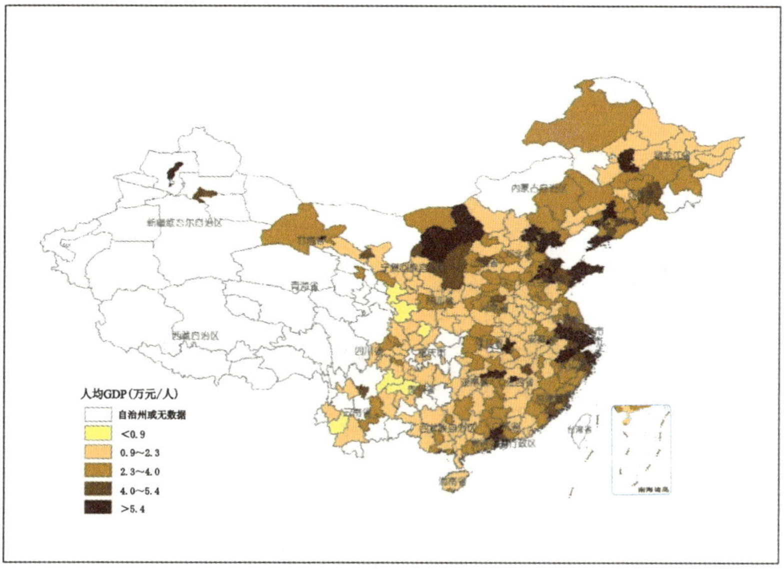

图 2.30　全国地级城市人均 GDP 分布情况

2. 城市旱灾暴露性指标权重确定

根据 2.3.1.2 中层次分析法的思路，用经验打分的方法确定比较判断矩阵，并由此计算出权重系数，见表 2.15。如表所示，城市旱灾暴露性由城市规模和经济水平决定，二者具有相同的重要性和权重。

表 2.15　　城市暴露性指标及权重

目标	因素	指标	权重	指标含义
城市旱灾暴露性	城市规模	城市人口密度	0.5	城市人口/城市面积
	经济水平	人均 GDP	0.5	城市 GDP/人口

3. 城市旱灾暴露性评估指标等级划分

在我国，城市辖区人口密度最大的城市是河北省石家庄市，最小的是黑龙江省黑河市；人均 GDP 最大的是新疆克拉玛依市，最小的是甘肃省定西市。本书中，将暴露性等级划分为低暴露、较低暴露、一般暴露、较高暴露、高暴露 5 个等级。依据等级划分标准确定方法，得出城市旱灾暴露性等级划分标准，见表 2.16。

表 2.16　　城市旱灾暴露性等级划分标准

指标	低暴露	较低暴露	一般暴露	较高暴露	高暴露
城市人口密度(人/km²)	<220	220～490	490～980	980～1560	>1560
人均 GDP(万元)	<0.9	0.9～2.3	2.3～4.0	4.0～5.4	>5.4

4. 城市旱灾暴露性评估结果

本书中选取人口密度和生产水平作为城市旱灾暴露性的指标，人口密度大，生产较发达的地区，一旦发生干旱，导致的缺水对城市生活和生产造成的影响越大。依据 2.3.1.3 中旱灾风险构成要素等级确定方法，得到全国地级城市旱灾暴露性评估结果，见图 2.31 和图 2.32。

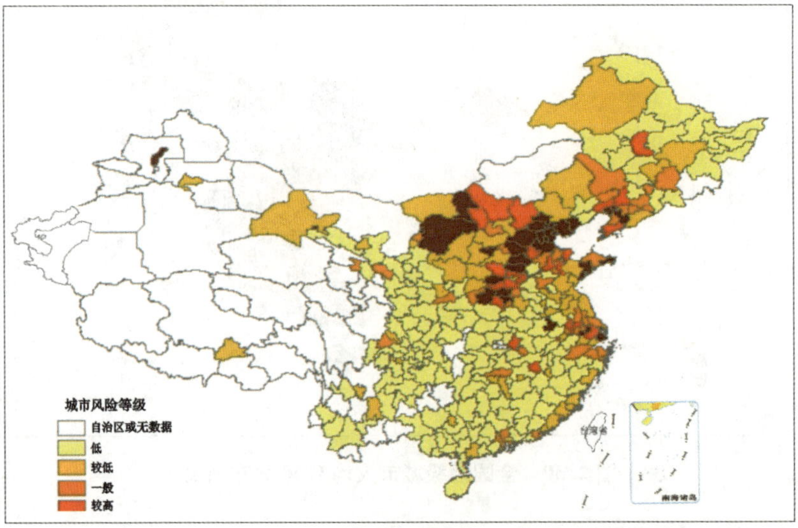

图 2.31　全国地级城市旱灾暴露性等级分布情况

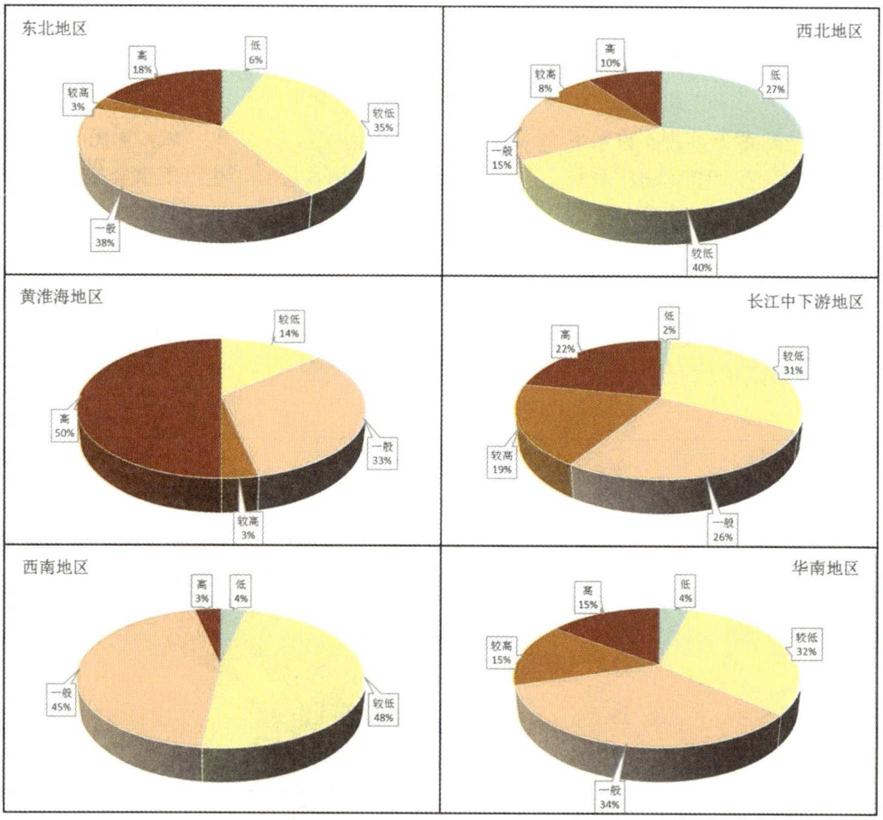

图 2.32　六大区不同城市旱灾暴露性等级地市占比情况

由图 2.32 可见，我国地级城市的旱灾暴露性大体呈现由长江、黄河入海口向内陆递减的趋势。六大区中，黄淮海和长江中下游由于人口密度大，生产水平高，暴露性最高，尤其是环渤海和长江三角洲两大经济圈；华南地区、东北中北部地区、西南地区中东部居中，西北地区大部和西南地区西部是自治州，其余城市的暴露性较低。

2.3.3.3　城市旱灾脆弱性评估

1. 城市旱灾脆弱性评估指标选择

对于城市脆弱性，与农业脆弱性一致，将承载体面对灾害时的脆弱性与抗御灾害的能力一并视为脆弱性，选取人均综合供水量、城市人口人均收入、万元 GDP 用水量、城市应急供水率 4 个指标作为评价脆弱性等级的指标。人均收入、城市应急供水率、人均综合供水量越小，越脆弱；万元 GDP 用水量、生活用水比例越大，越脆弱。见表 2.17。

表 2.17　　城市脆弱性指标及其含义

	因素	指标	指标含义
城市脆弱性	水利工程保障水平	人均综合供水量	工程供水总量/人口
	经济实力支撑水平	城市人均收入	城市居民年人均收入
	生产技术适应水平	万元 GDP 用水量	生产用水量/工业 GDP 增加值
	抗旱减灾应急能力	城市应急供水率	应急供水量/用水总量

(1)人均综合供水量。

全国大部分城市的人均综合用水量都在 150m³ 以内，其中西北、黄淮海地区最低，长江以南地区较多，东南沿海最高。见图 2.33。

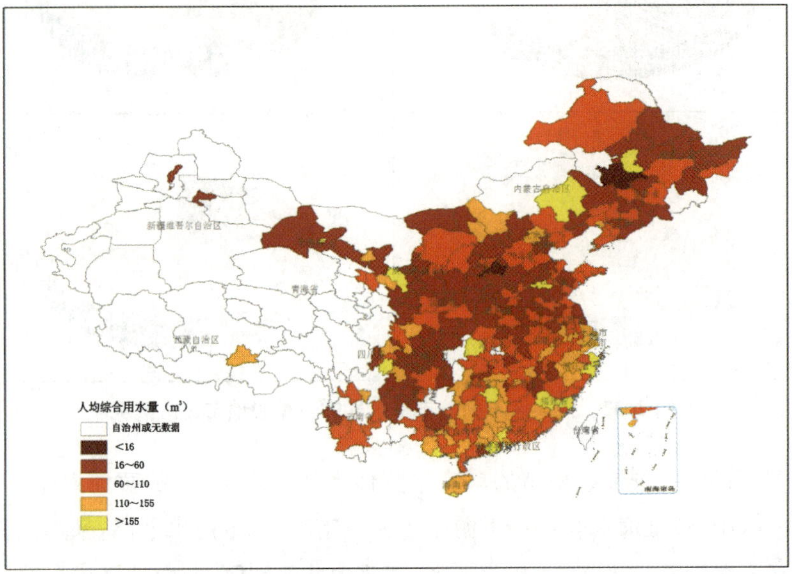

图 2.33　全国地级城市人均综合用水量情况

(2)城市人均收入。

城市居民人均收入是一个地区经济水平的重要指标，收入的高低也在一定程度上决定了居民个人参与抗旱的能力以及抵御旱灾影响的脆弱程度。由图 2.34 可见，我国东南沿海的城市人均收入较高，许多地区都在 2 万元以上，而东北、西南、西北部分地区较低，部分城市不足 1 万元。从这一指标来看，东南地区脆弱性较低。

(3)万元 GDP 用水量。

2012 年，全国人均综合用水量 454m³，万元国内生产总值(当年价)用水量 118m³。农田实际灌溉亩均用水量 404m³，农田灌溉水有效利用系数 0.516，万元工业增加值(当年价)用水量 69m³，城镇人均生活用水量(含公共用水)216L/d，农村居民人均生活用水量 79L/d。各省级行政区的用水指标值差别很大。从人均用水量看，大于 600m³ 的有新疆、宁夏、西藏、黑龙江、内蒙古、江苏、广西 7 个省(自治区)，其中新疆、宁夏、西藏分别达 2657m³、1078m³、

$976m^3$；小于 $300m^3$ 的有天津、北京、山西和山东等 9 个省（直辖市），其中天津最低，仅 $167m^3$。从万元 GDP 用水量看，新疆最高，为 $786m^3$；小于 $100m^3$ 的有北京、天津、山东和浙江等 12 个省（直辖市），其中天津、北京分别为 $18m^3$ 和 $20m^3$。全国地级城市万元 GDP 用水量情况见图 2.35。

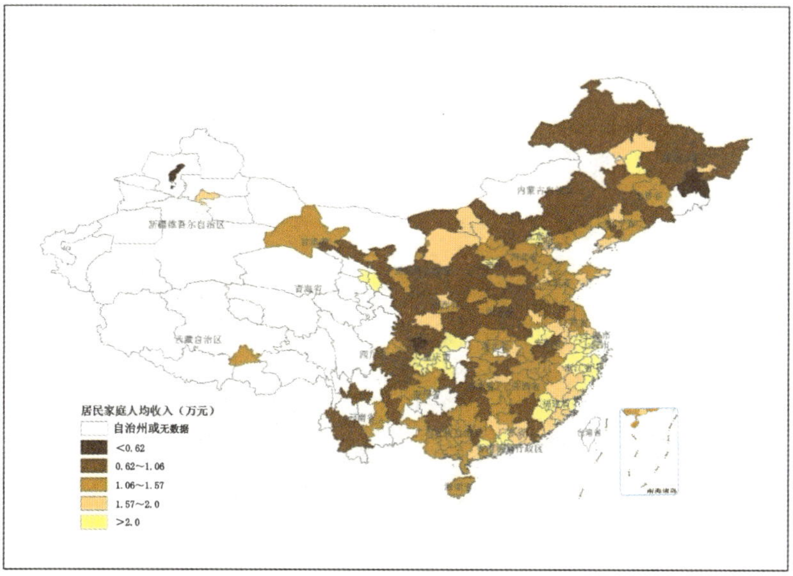

图 2.34　全国地级城市居民人均收入情况

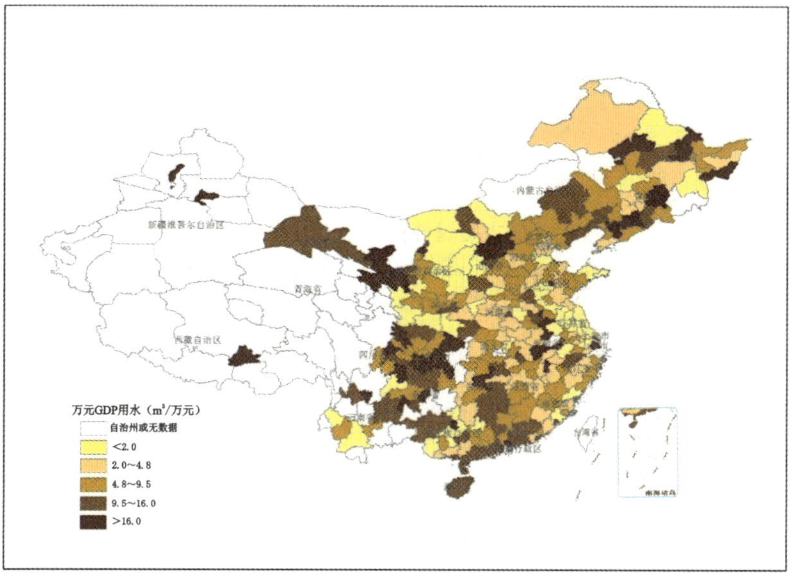

图 2.35　全国地级城市万元 GDP 用水量情况

(4)应急供水率。

在城市因旱缺水期间,应急备用水源是非常重要的,适时启用能够缓解供水压力,减轻旱灾的影响。应急供水率是应急水源的可供水量占总供水量的比例。应急供水率越大,表明备用水源越完善,脆弱性越低,应对旱灾的能力越高。由图 2.36 可见,我国城市应急备用水源总体建设不够完善,由抗旱规划的统计数据来看,大多数城市的应急供水率在 30%以内,其中吉林、辽宁、江苏、福建、贵州等省的部分城市没有应急备用水源,脆弱性较高。

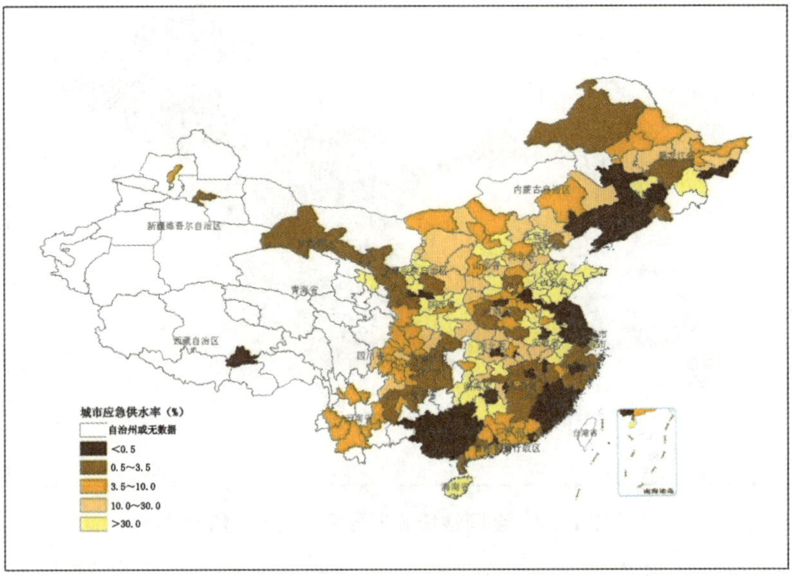

图 2.36 全国地级城市应急供水情况

2. 城市旱灾脆弱性指标权重确定

由层次分析法对城市脆弱性的 4 个指标进行比较打分,评价矩阵见表 2.18。得出各指标的权重结果见表 2.19。经检验,所得权重结果具有一致性。

表 2.18 城市脆弱性指标评价矩阵

	城市人均收入	万元 GDP 用水量	城市应急供水率	人均综合供水量
居民家庭人均收入	1	1/3	1/2	1/3
万元 GDP 用水量	3	1	2	1
城市应急供水率	2	1/2	1	1/2
人均综合用水量	3	1	2	1

表 2.19 城市脆弱性指标权重

指标	城市人均收入	万元 GDP 用水量	人均综合用水量	城市应急供水率
权重	0.1089	0.3512	0.3512	0.1887

3. 城市旱灾脆弱性评估指标等级划分

根据我国地级城市脆弱性统计值分布和经验，综合得出城市旱灾脆弱性 4 个指标等级划分标准见表 2.20。

表 2.20　城市脆弱性各指标等级划分标准

	指标	权重	低脆弱	较低脆弱	一般脆弱	较高脆弱	高脆弱
脆弱性 V	城市人均收入	0.0885	>2.0	1.57～2.0	1.06～1.57	0.62～1.06	<0.62
	万元 GDP 用水量	0.2979	<2.0	2.0～4.8	4.8～9.5	9.5～16.0	>16.0
	人均综合用水量	0.1578	>155	110～155	60～110	16～60	<16
	应急供水率	0.1887	>30	10.0～30.0	3.5～10	0.5～3.5	<0.5

4. 城市旱灾脆弱性评估结果

选取供水条件、经济实力、用水水平和应急水源几个因素的指标做城市干旱脆弱性评价。供水条件好、经济实力强、应急供水率高的地区抵御干旱的能力越强。万元 GDP 用水少、人均综合供水量大的城市，发生干旱时，能够用于保障最低基本生活用水的额度较大，脆弱性较低。如图 2.37，全国大部分地级城市处于一般和较高脆弱性等级，在地域上西部高于东部，长江中下游和华南最低。

六大区不同城市旱灾脆弱性等级地市占比情况见图 2.38。

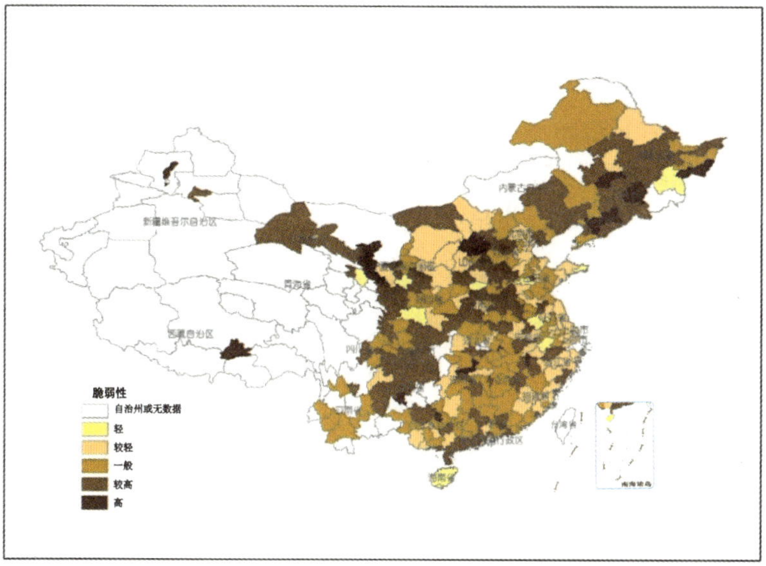

图 2.37　全国地级城市旱灾脆弱性等级分布情况

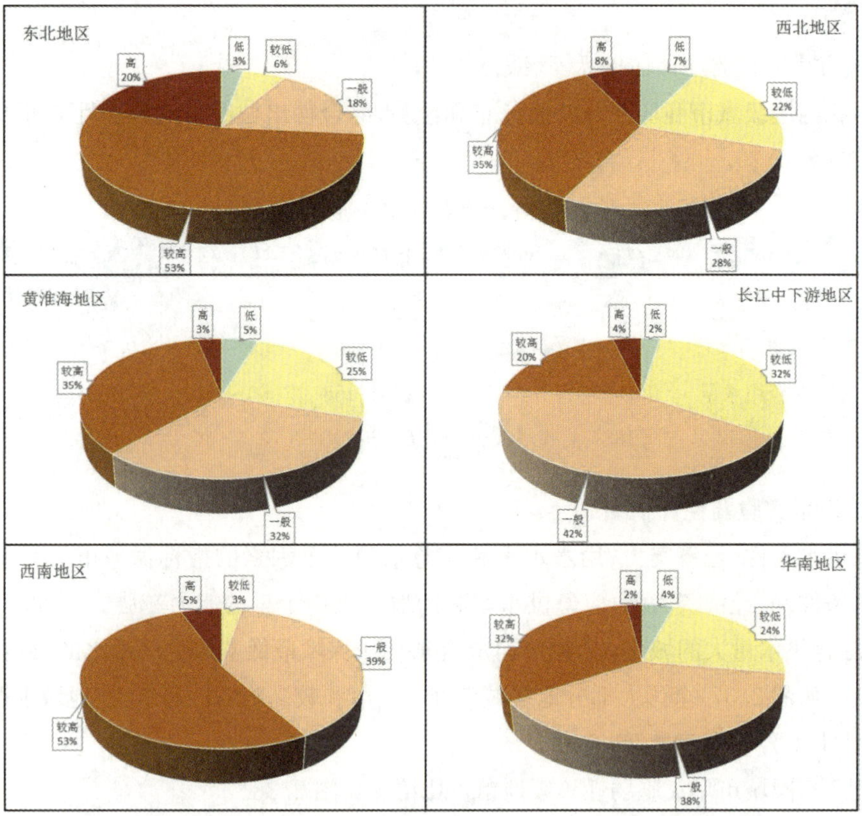

图 2.38 六大区不同城市旱灾脆弱性等级地市占比情况

2.3.3.4 城市旱灾风险评估

1. 城市旱灾风险评估指标

根据区域灾害系统理论，城市旱灾综合风险是城市旱灾危险性、暴露性和脆弱性综合作用的结果。综合以上，可以得到城市旱灾风险评估的指标体系，见图 2.39。

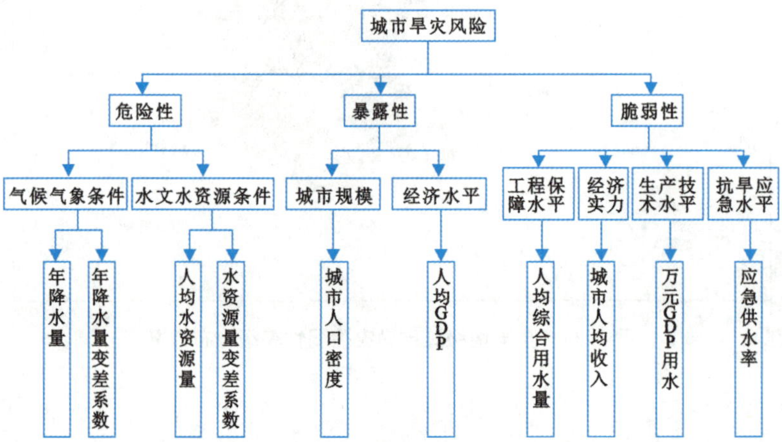

图 2.39 全国城市旱灾风险评估指标体系

2. 城市旱灾风险等级评估划分

根据隶属度的大小，确定城市旱灾风险等级，划分依据见表 2.21。

表 2.21　基于隶属度的风险等级划分依据

隶属度	低风险	较低风险	一般风险	较高风险	高风险
r_i	<0.008	0.008～0.0655	0.0655～0.2256	0.2256～0.3590	>0.3590

3. 城市旱灾风险评估结果

全国地级城市旱灾风险情况见图 2.40。由图可见，全国地级城市旱灾风险等级的分布大致情况是：北方高于南方，其中黄淮海地区风险最高，河北的石家庄、邢台、沧州等城市尤为突出，其次是东北地区东部、西北地区东部和长江中下游北部，西南、华南地区最低，广东、广西的部分地级城市最低。

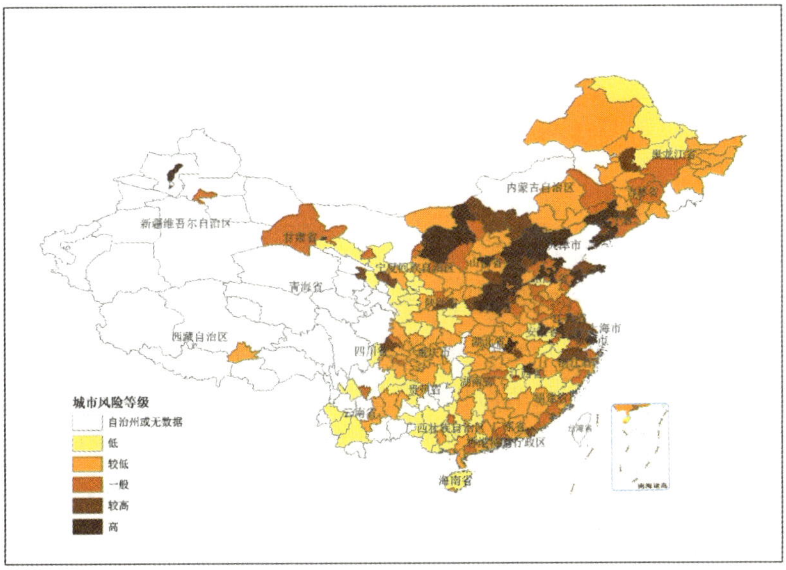

图 2.40　全国地级城市旱灾风险等级分布情况

2.3.4　基于区域灾害系统理论的全国分区旱灾风险管理战略

2.3.4.1　旱灾风险类型划分

1. 旱灾风险类型划分目的

根据区域灾害系统理论，旱灾风险是旱灾危险性、暴露性和脆弱性这三个构成要素相互作用、相互耦合的结果。这三个构成要素反映的是旱灾风险形成的三个不同方面：旱灾危险性反映的是旱灾风险形成的水文气象自然禀赋条件以及这些水文气象因素的异常、波动情况，这种自然背景及其异常是客观存在的，人类往往是无力改变的；旱灾暴露性反映的是受干旱威胁地区承灾体的种类、范围、数量、密度、价值等，而这些都与人类社会的发展阶段、产业结构布局、种植结构布局、农村城市发展规划等密切相关，是人类通过调整自身的发展模式可以得以改变的；旱灾脆弱性反映的是人类面对干旱的预警能力、应对能力、缓冲能力、减灾能力、抗对能力和恢复能力等，而这些都与人类社会的防旱抗旱意识、水利基础设施建设、防旱抗旱保障体系建设等密切相关，是人类通过调整自身的行为可以得以改变的。如此一来，一些地区的旱灾风险可能来源于危险性、暴露性和脆弱性的某一个方面，也可能是某两个方面的组合，也可能是三个方面综合作用的结果。因此，在进行旱灾风险管理时，需要针对不同地区旱灾风险形成主导因素的不同，提出有针对性的旱灾风险管理战略对策。

2. 旱灾风险类型划分标准

(1)农业旱灾风险类型划分标准。

在上述危险性、暴露性、脆弱性及风险的定量计算和定性划分基础上，进行全国农业旱灾风险类型划分。根据农业旱灾风险评估结果，首先将农业综合旱灾风险为低风险等级的单列为低风险类，再根据危险性、暴露性、脆弱性这三个风险构成要素的组合情况，将农业旱灾风险类型初步分成资源型、产业结构型、管理型、资源和产业结构叠加型、资源和管理叠加型、产业结构和管理叠加型、资源和产业结构和管理叠加型，一共 8 种类型。具体划分标准为：当某一地区危险性处于“较高”或“高”等级时，则将该地区归为资源型；当某一地区暴露性处于“较高”或“高”等级时，则将该地区归为产业结构型；当脆弱性处于“较高”或“高”等级时，则将该地区归为管理型；当某一地区危险性及暴露性同时处于“较高”或“高”等级，则将该地区归为资源和产业结构叠加型；当某一地区危险性及脆弱性同时处于“较高”或“高”等级时，则将该地区归为资源和管理叠加型；当某一地区暴露性及脆弱性同时处于“较高”或“高”等级时，则将该地区归为产业结构和管理叠加型；当某一地区危险性、暴露性及脆弱性同时处于“较高”或“高”等级时，则将该地区归为资源和产业结构和管理叠加型。详见表 2.22。对于部分地级市，存在不符合上述所有分类标准的情况，这时，应该综合分析危险性、暴露性、脆弱性三者的等级划分结果，用其中相对较严重的属性来确定风险类型。例如，某个地级市的危险性、暴露性、脆弱性分别处于低、较低、一般等级，那么认为脆弱性是风险形成的主要因素，风险归为管理型。

(2)城市旱灾风险类型划分标准。

根据城市旱灾风险评估结果，首先将城市综合旱灾风险为低风险等级的单列为低风险类，再根据危险性、暴露性、脆弱性这三个风险构成要素的组合情况，将城市旱灾风险类型初步分成资源型、城市规模型、管理型、资源和城市规模叠加型、资源和管理叠加型、城市规模和管理叠加型、资源和城市规模和管理叠加型，一共 8 种类型。具体划分标准为：当某一地区危险性处于“较高”或“高”等级时，则将该地区归为资源型；当某一地区暴露性处于“较高”或“高”等级时，则将该地区归为城市规模型；当脆弱性处于“较高”或“高”等级时，则将该地区归为管理型；当某一地区危险性及暴露性同时处于“较高”或“高”等级，则将该地区归为资源和城市规模叠加型；当某一地区危险性及脆弱性同时处于“较高”或“高”等级时，则将该地区归为资源和管理叠加型；当某一地区暴露性及脆弱性同时处于“较高”或“高”等级时，则将该地区归为城市规模和管理叠加型；当某一地区危险性、暴露性及脆弱性同时处于“较高”或“高”等级时，则将该地区归为资源和城市规模和管理叠加型。详见表 2.23。对于不符合上述所有类型条件的城市，与上述农业风险类型处理方法一致，选择三性质中等级较高的确定风险类型。

表 2.22　农业旱灾风险类型划分标准

类型	分类标准	代表意义
低风险	风险处于“低”等级	风险较小
资源型	危险性处于“较高”或“高”等级	天然降水和水资源先天条件不好
产业结构型	暴露性处于“较高”或“高”等级	农业种植发达
管理型	脆弱性处于“较高”或“高”等级	抗旱管理措施体系不完善
资源和产业结构叠加型	危险性及暴露性同时处于“较高”或“高”等级	水资源条件不好，同时农业种植规模较大
资源和管理叠加型	危险性及脆弱性同时处于“较高”或“高”等级	水资源条件不好，同时抗旱管理不完善
产业结构和管理叠加型	暴露性及脆弱性同时处于“较高”或“高”等级	农业种植规模大，但抗旱管理不完善
资源和产业结构和管理叠加型	危险性、暴露性及脆弱性同时处于“较高”或“高”等级	水资源条件不好，农业规模大，抗旱管理不完善同时存在

表 2.23　城市旱灾风险类型划分依据

类型	分类标准	代表意义
低风险	风险处于“低”等级	风险较小
资源型	危险性处于“较高”或“高”等级	天然降水及水资源先天条件不好
城市规模型	暴露性处于“较高”或“高”等级	城市人口密度大，生产规模大
管理型	脆弱性处于“较高”或“高”等级	抗旱管理不完善
资源和城市规模叠加型	危险性及暴露性同时处于“较高”或“高”等级	水资源条件不好，同时城市人口密度，生产规模较大
资源和管理叠加型	危险性及脆弱性同时处于“较高”或“高”等级	水资源条件不好，同时抗旱管理不完善
城市规模和管理叠加型	暴露性及脆弱性同时处于“较高”或“高”等级	城市人口密度和生产规模大，但抗旱管理不完善
资源和城市规模和管理叠加型	危险性、暴露性及脆弱性同时处于“较高”或“高”等级	水资源条件不好，城市人口密度和生产规模大，抗旱管理不完善同时存在

3. 旱灾风险类型划分结果

(1)农业旱灾风险类型划分结果。

根据农业旱灾风险划分标准,得到全国农业旱灾风险类型分布情况,见图 2.41,统计结果见表 2.24。全国 341 个地级统计单元中,低风险 49 个,主要分布在西南、华南、内蒙古;资源型 48 个,主要分布在西北、东北西部地区;产业结构型 50 个,主要分布在长江中下游中部地区;管理型 45 个,主要分布在西南、华南地区;资源和产业结构叠加型 52 个,主要分布在黄淮海地区;资源和管理叠加型 28 个,主要分布在西北东部、东北地区;产业结构和管理叠加型 38 个,主要分布在长江中下游地区;资源和产业结构和管理叠加型 31 个,主要分布在东北地区。全国不同农业旱灾风险类型占比见图 2.42。

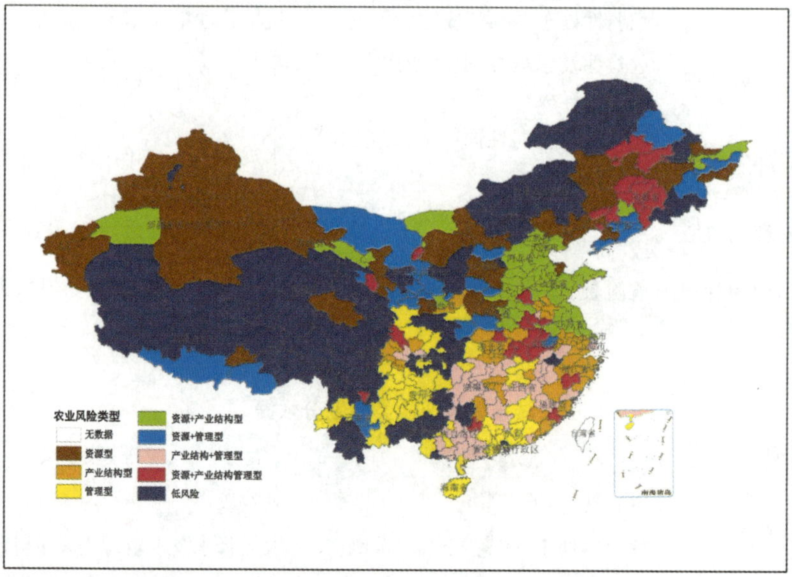

图 2.41 全国地级市农业旱灾风险类型分布情况

表 2.24 全国地级市农业旱灾风险类型划分结果

类型	计算单元个数	主要分布地区	特点
低风险	49	西南、华南、内蒙古	西部地区,很多是牧业区,资源条件还可以
资源型	48	西北、东北西部	先天水资源较匮乏,主要在北部和西部,比较成片
产业结构型	50	长江中下游中部	粮食主产区,分布较集中
管理型	45	西南、华南	抗旱管理不完善,边远地区
资源和产业结构叠加型	52	黄淮海	粮食主产区,分布集中
资源和管理叠加型	28	西北东部、东北	分布集中
产业结构和管理叠加型	38	长江中下游	粮食主产区,个数少,集中
资源和产业结构和管理叠加型	31	东北	粮食主产区,个数最少

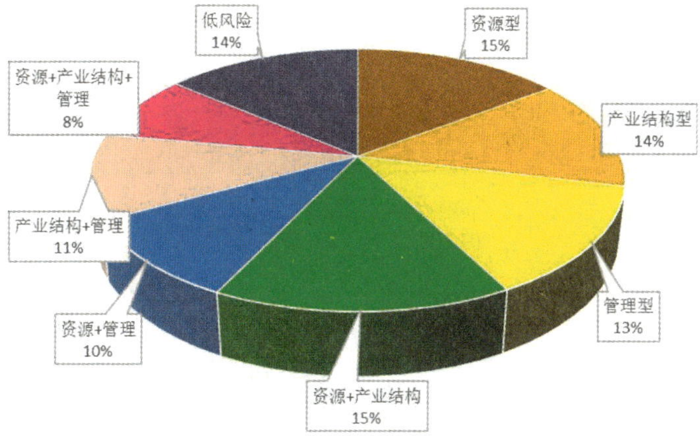

图 2.42　全国不同农业旱灾风险类型占比情况

(2)城市旱灾风险类型划分结果。

根据城市旱灾风险划分标准，得到全国城市旱灾风险类型分布情况，见图 2.43，统计结果见表 2.25。全国 290 个地级城市统计单元中，低风险 47 个，主要分布在长江以南、华南地区；资源型 34 个，主要分布在黄淮海、东北地区；城市规模型 33 个，主要分布在东部沿海地区；管理型 49 个，主要分布在东北、西南地区、长江中下游地区；资源和城市规模叠加型 39 个，主要分布在黄淮海地区；资源和管理叠加型 43 个，主要分布在西北、东北、黄淮海地区；城市规模和管理叠加型 22 个，主要分布在长江下游、华南地区；资源和城市规模和管理叠加型 23 个，分布较为零散。全国不同城市旱灾风险类型占比见图 2.44。

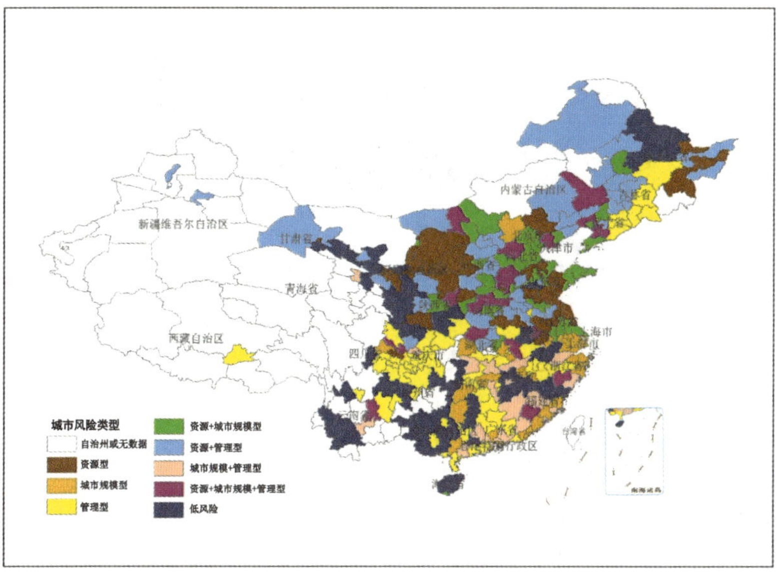

图 2.43　全国地级城市旱灾风险类型分布情况

表 2.25　　全国地级城市旱灾风险类型划分结果

类型	计算单元个数	主要分布地区	特点
低风险	47	甘肃及长江以南、华南地区	主要在南方，连片分布
资源型	34	黄淮海、东北	水资源先天条件不好
城市规模型	33	东部沿海	城市规模太大
管理型	49	东北、西南、长江中下游	缺少应急备用水源，管理不善
资源和城市规模叠加型	39	黄淮海	水资源不能支撑较大的城市规模和发展
资源和管理叠加型	43	北方地区，西北、东北、黄淮海	主要集中在北方，水资源条件不好与管理不完善叠加
城市规模和管理叠加型	22	长江下游、华南	主要在东南部地区，个数最少，城市发展快
资源和城市规模和管理叠加型	23	零星分布	地域上不连片，分布十分分散

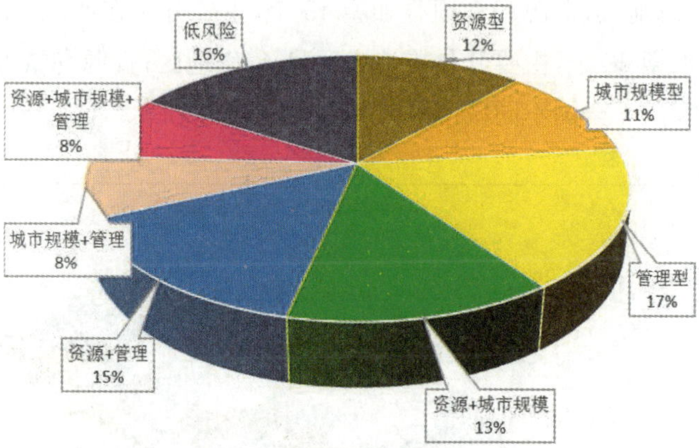

图 2.44　全国不同城市旱灾风险类型占比情况

2.3.4.2　东北地区旱灾风险分析及管理战略

1. 旱灾风险类型及成因分析

(1)农业旱灾风险类型及成因分析。

在农业旱灾风险方面，东北地区有 5 种风险类型，包括资源型、资源和产业结构叠加型、资源和管理叠加型、资源和产业结构和管理叠加型以及低风险型，空间分布没有明显的规律。见图 2.45。其中低风险的地级市有 4 个，分别是大兴安岭、伊春、延边、白山，这些地区农业都不是很发达，暴露性、危险性都不突出，因此风险较小。与资源相关的类型非常多，主要分布在该地区的中西部和东北角；与产业结构相关的地级市主要分布在中西部地区；与管理相关的地级市也较多，主要分布在除最北端个别地市外的绝大部分地区。这表明该地区旱灾风险的主要原因是资源不足，管理不完善。东北地区水资源条件虽然相对较好，但是时空分布不均匀，从东南沿海向西北方向递减，最多的是辽宁丹东，年均降水量有 900mm 左右，最小的吉林白城仅有 300 余 mm。另外，由于该地区是重要的粮食主产区，生产规模和水平都非常高，中部部分地区的耕地面积占到国土面积的一半以上，粮食单产达到平均 300kg/亩以上，例如四平市，耕地面积比例达 65%，粮食单产达 575kg/亩，是东北地区暴露性最大的地市级，面对如此发达的农业生产状况，水资源已经在一定程度上不能满足农业生产的进一步发展，最后，大部分地区脆弱性较高，抗旱管理措施有待提高。

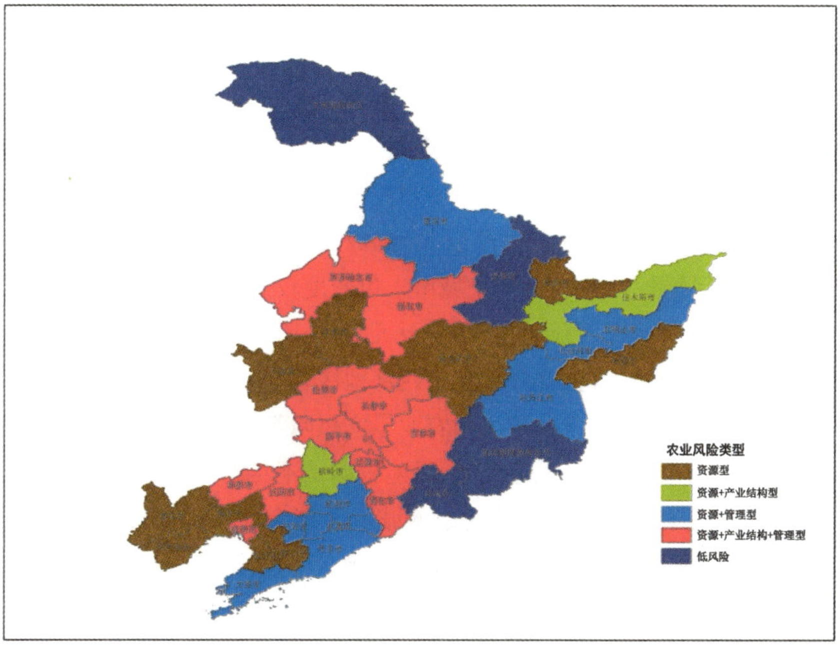

图 2.45　东北地区农业旱灾风险类型分布情况

对于与管理相关的地区，脆弱性较高，下面进一步分析脆弱性中水利工程、经济实力、应急能力这三个方面的薄弱环节。其中工程单位耕地工程供水量、耕地有效灌溉率、水资源开发利用程度、节水灌溉率 4 个指标对应水利工程，农民人均收入指标对应经济实力，抗旱服务组织专职人员和抗旱服务组织覆盖率指标对应应急能力。可见，在东北地区的脆弱性中，水利工程和应急抗旱能力两方面较薄弱，其中有效灌溉率仅 30%左右，低于全国平均水平，工程供水量不足，每亩耕地工程供水量 260 余 m^3，一半以上的县没有服务组织，抗旱应急能力有限，是该地区农业脆弱性较高的主要原因。见图 2.46。

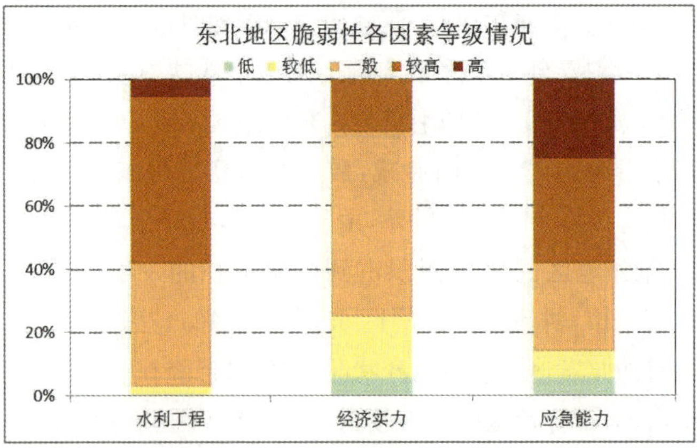

图 2.46 东北地区地级市农业旱灾脆弱性各因素等级分布情况

(2)城市旱灾风险类型及成因分析。

城市旱灾风险方面，东北地区有 6 种风险类型，包括资源型、管理型、资源和城市规模叠加型、资源和管理叠加型、资源和城市规模和管理叠加型以及低风险型。见图 2.47。其中，低风险地区主要分布在黑龙江北部，与资源型相关的地区主要分布在黑龙江东部和西部、吉林和辽宁的西部，这些地区降水量在整个东北地区相对较少，与城市规模相关的城市比较少，主要分布在南端沿海几个城市，这几个城市人口密度较大，生产水平高，例如辽宁省大连市、黑龙江省大庆市，人均 GDP 分别是 6.89 万元和 9.12 万元，是东北地区最高的两个地区。与管理相关的城市也较多，主要分布在中西部地区，这些地区脆弱性较高，万元 GDP 用水高，应急供水水源也十分不完善。城市和农业旱灾风险类型并没有表现出较大的一致性，说明对于不同承灾体对象而言，其风险类型、风险根源是不尽相同的。并且几乎所有的地级城市都与应急工程缺乏有关，辽宁、吉林的部分城市没有应急备用水源。可见，抗旱应急备用水源缺乏，是东北地区城市旱灾风险的最主要因素。

2. 对策建议

东北地区是我国重要的商品粮生产基地，城市密集，已形成较为完备的综合工业体系，是我国老工业基地振兴和新型工业增长的主要地区之一。该地区经济社会活动主要集中在腹地，生产力布局与水资源自然分布不够协调。基于东北旱情旱灾时空规律以及旱灾风险程度、风险类型的分析，主要从以下几个方面提出建议：

(1)加强针对东北地区西部旱灾致灾因子的调控，降低旱灾危险性。东北地区西部农业旱灾危险性较高，风险主要来源于自然资源短缺，需大力加强针对致灾因子的调控，改善水资源相对匮乏的问题。建议考虑以下两方面的调控措施：一是加强雨洪资源利用。雨洪具有致灾和兴利两面性，充分地科学利用雨洪资源，取其利，避其害，可起到有效调控旱灾致灾因子的作用。对东北地区来说，雨洪资源相对丰富，大部分降水集中在汛期，洪水资源化也是新时期防洪保安全、抗旱保供水、调水保生态的必然选择。2003 年汛期吉林省泡沼湿地引蓄嫩江雨洪资源 8.6 亿 m^3，对科学利用雨洪资源作了一次有益的尝试，实现了经济效益、社会效益和生态效益的有机统一。此外，吉林省白城市在做好雨洪资源利用的同时，还动员广大农民积极建设积水井，吸收雨水，补充地下水，涵养水源。二是积极进行人工增雨，开发云水资源。适时实施人工增雨，开发利用云水资源，是调控旱灾致灾因子的有效措施。国内外实践证明，在适宜的地理背景和自然环境条件下，在适当的云体部位，进行有科学指导的人工催化作业，有可能达到人工影响短期天气的目的。

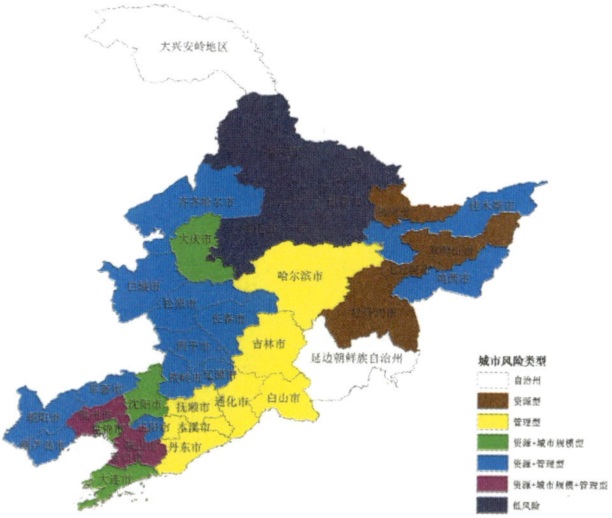

图 2.47　东北地区城市旱灾风险类型分布情况

(2)做好东北地区中部农业产业结构布局的调整，降低承灾体暴露性。建议从当地水资源和水环境的承载能力出发，进行经济结构和产业布局的调整和优化，降低承灾体暴露性，减轻旱灾风险。黑龙江、辽宁两省部分地区水田面积已超过了当地水资源的承载能力，要以水资源承载能力为底限，确定水田发展规模，压缩现有水田面积，抓好种植结构的调整，研究、引进和推广玉米、大豆等大田耐旱品种及水稻抗旱优质品种，扩大耐旱品种的种植面积。在满足粮食生产的基本前提下，压缩粮食种植面积，增加饲料作物、经济作物和名优特产作物的种植比例，大力发展畜牧业。

(3)加强东北地区抗旱基础设施建设，提高水利工程保障能力。东北许多地区地势平坦，河流密集，但由于大江大河缺乏控制性工程，水资源调蓄能力普遍不足。目前，黑龙江省截蓄地表水的能力只有 23%，调控能力不足 5%。可以考虑从水资源条件较好的东部地区调水至西部地区，例如针对辽宁西北的易旱地区，实施省内东水西调，吉林省中部城市群引松供水、绰尔河引水等水资源配置工程，实现东北地区各流域内的水量合理配置。加大该地区骨干控制性水源工程的建设力度，新建一批抗旱蓄水、引水、提水工程，增加抗旱水源，保证城乡居民生活和工农业生产用水。对于临近大江大河、大中型水库、湖泊、沼泽等水源的地区，应采取泵站改造、提水引水和灌区渠系配套等方式，提高抗旱用水保证率。如三江平原地区，建议尽快启动“两江一湖”水资源开发利用工程。对水源不足的中西部地区，建议按照抗旱规划的统一部署，采取分步实施的办法，结合种植结构调整和节水技术推广应用，有计划、控制性地新打部分抗旱水源井，保证必要的抗旱用水需要。在西部山丘区也可因地制宜修建部分集雨水窖，采取节水补灌方式，保证经济林果和设施农业生产用水。此外，要加大病险水库的除险加固力度，提高骨干工程的抗旱减灾作用；要坚持不懈组织开展群众性农田水利基本建设，不断提高农业抗灾能力。

(4)大力推广抗旱耕作技术，提高生产技术适应水平。以水田来说，东北三省现有水田约 267 万 hm^2，绝大部分仍采用传统灌溉方式，每公顷用水量一般为 9000～12000m^3，年用水总量达 240 亿～320 亿 m^3。如果采用“浅、湿、薄、晒”的节水技术，用水量可减少一半以上。而旱田的节水灌溉技术推广也很慢，除少量设施农业采用节水灌溉技术，各地大田作物的灌溉几乎都是大水漫灌。目前，辽宁省节水灌溉面积 38 万 hm^2，仅占耕地面积的 9%；吉林省节水灌溉面积 57 万 hm^2，只占耕地面积的 14.3%；黑龙江省节水灌溉面积也只有 183 万 hm^2，不到全省耕地面积的 15.5%。因此，可根据东北地区的特点，在旱作区推广耙耢整地、顶浆打垄、抢墒播种和秋翻蓄水等抗旱蓄墒、增墒和保墒技术，有条件的地方要推广应用“宽窄行交替休闲种植”的耕种技术。在水田区要推广旋耕旱耙、集中泡田、集中插秧、免耕栽培和旱育苗、旱插秧等综合节水技术。要大力推广运用旱地龙抗旱剂、保水剂为主的化学抗旱措施。旱地龙抗旱剂具有抗旱节水、促进早熟和改良土壤等作用，用其拌种、浸种、叶面喷施、随水浇灌和水稻蘸根，简便易行，既适合水源条件不足的地方使用，也适合没有水源条件的地方使用，效果明显。

(5)开展东北地区抗旱应急备用水源工程建设，提高抗旱应急能力。抗旱应急备用水源工程建设，主要为新建地下水井工程，合理增加地表水蓄水工程和连通工程。在东北地区逐步实现“东水中引，北水南调”的水资源配置格局条件下，中部城市群缺水将得到缓解。地区抗旱应急备用水源以地下水为主。抗旱应急备用水源工程建设，主要是在现有水利工程挖潜、配套和改造的基础上，适度增加地表水蓄水工程和连通工程；加强流域水资源统一调度，统筹地表水和地下水的开发和利用。

2.3.4.3 西北地区旱灾风险分析及管理战略

1. 旱灾风险类型及成因分析

(1)农业旱灾风险类型及成因分析。

西北地区的农业旱灾风险，涵盖了除产业结构和管理叠加型之外的全部类型。见图 2.48。低风险主要分布在内蒙古、青海等省区，与资源缺乏相关的地级市较多，由西至东贯穿于西北地区的大部，这是由于西北地区深居内陆，降水量和水资源条件在六大区中都是最差的，年际间的变化又是最剧烈的，例如新疆吐鲁番地区，年均降水在 50mm 以下，年变差系数 0.54，危险性极高。与产业结构相关的地市级较少，仅分布于中部陕西、甘肃局部，这些地区在西北属于农业生产相对好的地区。与管理不完善相关的地级市数量居中，主要分布在中部陕西、内蒙古和甘肃。这些地区农业灌溉虽然比较完善，但是水资源开发利用程度非常高，农业仍是农民的主要经济来源，收入较低，其中陕西商洛，农民人均收入仅 0.15 万元，在全国范围内基本上都是最低的。可见该地区远离海洋，水资源先天条件差，是该地区风险形成的主要原因。而中部地区农业相对发达，管理水平却有待完善，暴露性和脆弱性稍高，进一步分析脆弱性中水利工程、经济实力、应急能力这三个方面的薄弱环节，结果表明水利工程欠缺，经济实力不强，在危险性本来就很高的西北地区，进一步增加了旱灾风险。西北地区地级市农业旱灾脆弱性各因素等级分布情况见图 2.49。

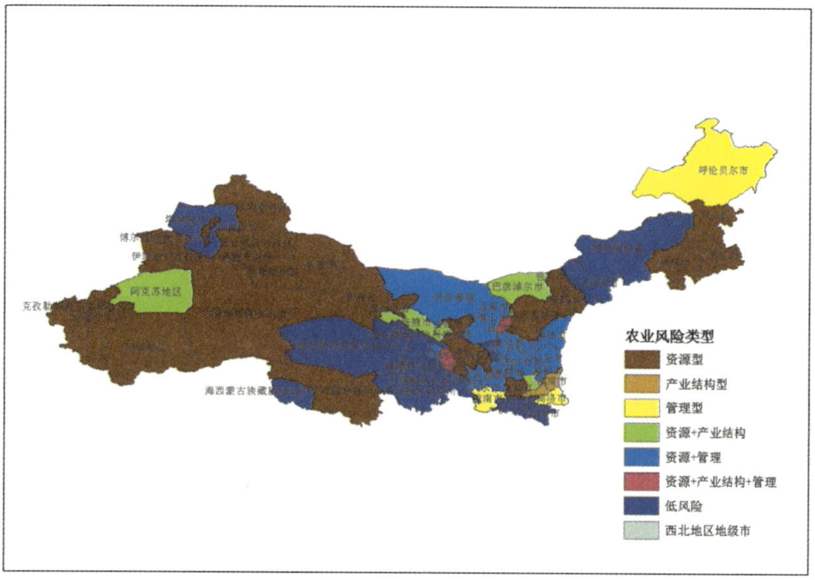

图 2.48　西北地区农业旱灾风险类型分布情况

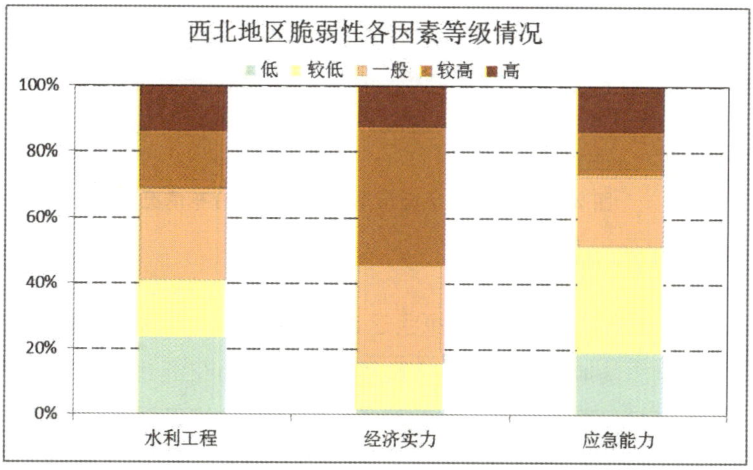

图 2.49　西北地区地级市农业旱灾脆弱性各因素等级分布情况

(2)城市旱灾风险类型及成因分析

西北地区大部是少数民族自治州，城市主要集中在甘肃、陕西两省和内蒙古、新疆的个别地区。这些城市中，涵盖了6种风险类型，分别是资源型、资源和城市规模叠加型、资源和管理叠加型、城市规模和管理叠加型、资源和城市规模和管理叠加型以及低风险型。见图2.50。其中，低风险城市主要分布在甘肃中南部，这些城市暴露性较小，城市水源能够保证用水。另外的城市中，几乎所有的城市都与资源型有关，这一特点与农业风险类型相似，也是受到危险性较高的影响。除中部地区以外，大部分城市与管理型有关，这是由于该地区经济比较落后、人均综合用水量低、应急备用水源缺乏。另外，部分地区工业生产工艺粗放落后，甘肃、宁夏的部分地级市万元GDP用水在30m³以上。与城市规模有关的城市不多，零星分布。这表明西北地区抗旱应急工程缺乏，水资源短缺，抗旱应急工程缺乏，是该地区城市旱灾风险的主要原因。个别城市工业耗水大与应急水源工程缺乏同时存在，落后的生产工艺有待改进。

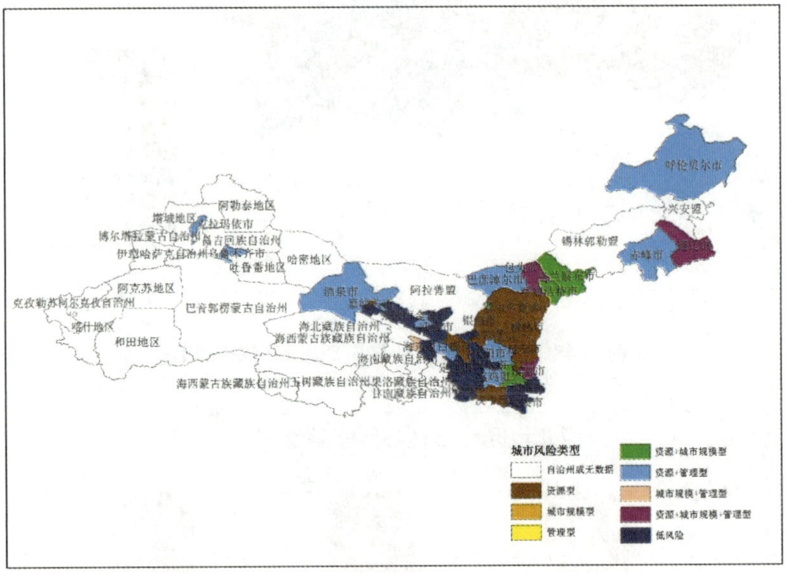

图2.50 西北地区城市旱灾风险类型分布情况

2. 对策建议

西北地区气候干旱、降水稀少、水资源匮乏、生态环境脆弱。该地区煤炭、油气等矿产资源丰富，是我国重要能源基地，随着矿产、土地资源的开发和经济社会发展，水资源供需矛盾日益突出，水生态环境日趋恶化。基于西北旱情旱灾时空规律以及旱灾风险程度、风险类型的分析，主要从以下几个方面提出建议：

(1)加强小型、微型抗旱水源工程建设，着力解决西北地区因旱饮水困难。西北地区有950万贫困人口分散居住在生态环境恶化、干旱缺水的甘肃陇中，宁夏南部，晋、陕、蒙接壤处的山区。这些地区水利基础条件薄弱，人畜饮水困难，群众生活贫困，遇干旱年份更是雪上加霜。当地人民脱贫致富的主要制约因素是水，只有首先解决干旱缺水问题，才能解决生存困难问题，才能脱贫致富，才能促进社会经济发展，才能改善生态环境。因此，要在有条件的地区，有计划地建设一些重点骨干水利工程，包括水资源调蓄工程和区域调水工程，调节河川径流增加供水量，解决区域水资源分布不平衡的问题。在水资源严重短缺的黄土高原和一些偏远山区，要继续加快小型、微型集雨工程建设，利用路边、庭院、地边等兴修小水窖、小水柜拦蓄天然降水，为人畜饮水提供水源。

(2)全面推进节约用水，提高西北地区旱灾适应能力。节水是西北地区的头等大事，根据西北地区的实际情况，第一，要深入广泛地开展节水宣传教育工作，增强公众节水意识和水忧患意识。第二，必须建立流域水资源统一管理和统一调度的体制，通过实施取水许可和水资源论证制度，制定和严格实施水量分配方案，保障水资源与经济社会协调发展。第三，加强对现有灌区工程的配套、维修和节水改造。抓好宁夏卫宁灌区及青铜峡引黄灌区、内蒙河套引黄灌区、甘肃河西走廊、陕西关中及渭北旱塬等地区大型灌区以节水为中心的改造工程，加强工程配套，采取渠道防渗、管道输水，发展滴灌、喷灌等措施，切实加强用水管理，抓紧实施按方计费和超额加价等措施，千方百计提高水的利用率，把节省下来的水量用于提高灌溉保证率和发展新的灌溉面积上来。第四，要建立水资源宏观控制和微观定额两套指标体系，推行用水定额与节水考核指标相结合的制度，严格执行用水定额管理和超计划用水累进加价收费，新上项目要按照先进的节水技术，建设节水工程，并实现节水设施“三同时”(同时设计、同时施工和同时交付使用)。第五，通过水资源的合理配置，坚决淘汰一批耗水耗能大、污染重的企业和低附加值的产品。第六，建立节水器具的认证和市场准入制度，没有节水标志的器具坚决不能进入市场。

(3)加强牧区水利工程建设，提高牧业抗旱能力。西北地区牧业十分发达，在全国占有极其重要的地位，是我国牧业因旱受灾最为严重的地区，一旦发生干旱，牧业的影响和损失巨大。其中，尤以内蒙古地区最为严重，1990—2007年内蒙古多年平均草场受旱面积47912千hm^2。然而，大部分牧区天然降水不足，水利工程建设大多只是围绕农田灌溉展开，牧区水利工程比较分散，定位在解决人畜饮水困难，开辟缺水无水草场和小规模的建设人工草地方面。因此，牧区水利基础设施保障能力普遍较差，由于水利建设的滞后，牧区水资源的开发利用量尚不足水资源量的6%，人工草地面积不足天然草地的4%。因此，建议加大牧区水利工程建设的投入，逐步完成牧区抗旱减灾基础工程体系建设，尤其是要完善人工种植饲草基地的水利工程支撑体系。

(4)加强水土保持和生态环境建设，逐渐改变孕灾环境。西北地区水土流失严重，大力开展植树造林，实施退耕还草还林，进行水土流失综合治理，改善生态环境，是提高西北地区农业抗旱能力的根本举措。在水蚀严重的黄河流域重点开展小流域综合治理，在风蚀严重的内陆河流域重点开展防风固沙工程建设。要因地制宜调整农林牧业的生产结构，尤其要抓好大于 25°陡坡地的退耕还林、还草。对于坡耕地，要因地制宜地实施坡改梯、平田整地、修建淤地坝、水平沟、鱼鳞坑等，对坡耕地实行横坡等高耕种、水平沟耕种、沟垄种植、残茬覆盖和地膜覆盖等水土保持耕种措施，蓄水保土存肥，提高农田抗旱能力，改善生态环境。有条件的山区，要修建环山渠、山塘和水窖等小型工程，将雨水径流汇集起来，发展径流农业或半水灌溉。

2.3.4.4 黄淮海地区旱灾风险分析及管理战略

1. 旱灾风险类型及成因分析

(1)农业旱灾风险类型及成因分析。

由图 2.51 可见，黄淮海地区的农业风险类型有 6 种，分别是资源型、产业结构型、资源和产业结构叠加型、资源和管理叠加型、资源和产业结构和管理叠加型、低风险型。除去个别地级市，绝大部分地区都与资源型相关，这是由于该地区的降水量在六大区中属于较匮乏的地区，绝大部分地区降水在 800mm 以下，其中西部北部更加少，例如河北张家口、山西大同等地级市年均降水不足 400mm。中东部地区都与产业结构有关，这些地区是粮食主产区，生产规模和水平都很高，有近 1/3 的地区耕地面积占国土面积的一半以上，大部分地区的粮食单产在 350kg/亩以上。与管理相关的地区主要分布在西部，主要是由于工程供水量不足。可见，黄淮海地区危险性、暴露性都很高，这是旱灾风险的首要原因。这表明黄淮海地区的农业风险的主要原因是农业种植规模与水资源条件不匹配，水资源已经无法支撑高速发展的农业生产。相对而言，以脆弱性较大为代表的管理型地区不多，说明黄淮海地区抗旱措施比较完善。

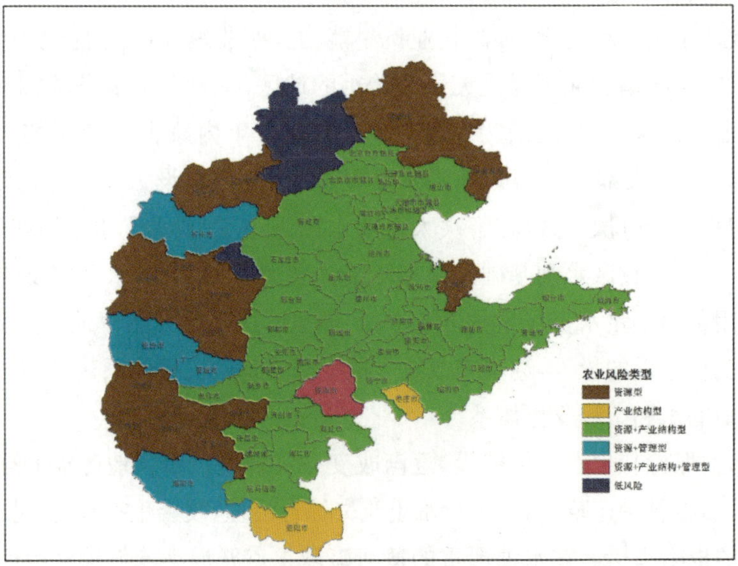

图 2.51 黄淮海地区农业旱灾风险类型分布情况

对脆弱性中水利工程、经济实力、应急能力的分析表明，水利工程不足是脆弱性的主要成因。因此，水资源先天不足，农业生产发达，工程供水不足导致脆弱性较高，是该地区旱灾风险的主要原因。充分利用现有水源，积极发掘新水源的需求非常迫切。见图 2.52。

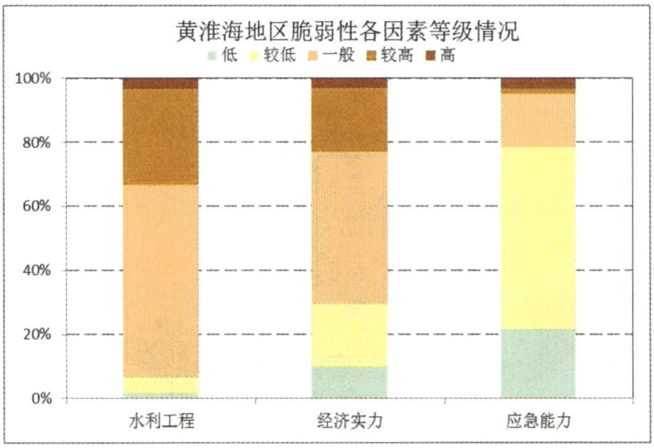

图 2.52　黄淮海地区地级市农业旱灾脆弱性各因素等级分布情况

(2)城市旱灾风险类型及成因分析。

黄淮海地区包括所有 8 种城市旱灾风险类型。见图 2.53。其中城市规模型、管理型、低风险型都只有 1 个城市，其余类型城市数量较多。黄淮海地区绝大部分城市都和资源型有关，这是由于该地区水资源在六大区中仅比西北地区稍好。与城市规模相关的城市主要分布在中部地区，这些地区人口密度非常大，部分城市辖区人口密度超过 2000 人/km^2，导致水资源不能支撑城市规模的继续扩大。与管理有关的城市主要分布在西部地区，这些地区人均综合用水量十分有限，生产工艺也有待提高，部分地市万元 GDP 用水量仍在 $20m^3$ 以上。大部分地级城市的旱灾风险都与应急工程缺乏有关。这个结果表明，水资源匮乏、应急备用水源工程欠缺、管理不完善，是黄淮海地区城市旱灾风险的主要原因。

2. 对策建议

黄淮海地区是我国重要的工业基地、能源基地和粮食生产基地，在全国经济社会发展中具有十分重要的地位。该地区人口众多，城镇密集，工业发达，农业垦殖率高。基于黄淮海地区旱情旱灾时空规律以及旱灾风险程度、风险类型的分析，主要从以下几个方面提出建议：

(1)做好黄淮海地区农业产业结构布局的调整，降低承灾体暴露性。黄淮海地区的农业旱灾风险基本上是资源型、产业结构型和二者叠加型，这表明原本水资源不十分丰富的地区却承担了粮食生产的重大任务，随着农业生产规模的扩大和生产水平的提高，水资源已经不能承载高耗水的农业的高速发展。由于黄淮海地区春旱主要影响冬小麦的产量，因此，要根据区域水土平衡条件确定冬小麦的种植面积，尤其是在水资源紧缺的北部地区，应根据水资源条件压缩冬小麦种植面积，大力发展优质专用小麦，增加耐旱高效作物的种植。加快建立低耗水、高效益、抗灾能力强的农业种植结构，促进种植业向粮、经、饲三元结构转变。扩大高蛋白、高油、高淀粉含量等加工专用玉米种植面积。加快饲料业、酿造业等的发展，促进玉米加工转化。积极发展高蛋白大豆等油料作物。搞好国家优质棉花基地建设，形成稳定的棉花集中产区。

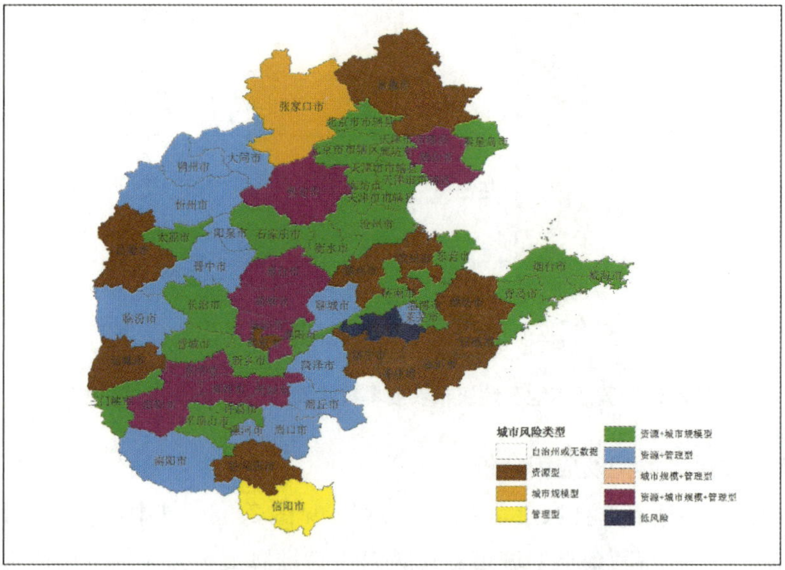

图 2.53　黄淮海地区城市旱灾风险类型分布情况

(2)控制城市发展规模，降低城市旱灾风险。黄淮海地区很大一部分城市旱灾风险类型与资源型、城市规模型有关。黄淮海流域，特别是黄河和海河地区，水资源本底条件差，加之承载的社会经济及人口迅速发展，经济社会对水资源的开发利用量不断增加。黄淮海地区多年平均水资源可利用量为 1140 亿 m^3，近 10 年来，全区经济社会年均水资源利用量维持在 1300 亿 m^3 左右，不难判断，目前黄淮海流域水资源系统承载客体的用水需求已经超过水资源系统承载力，客体的部分用水需求不能完全得到满足，一旦出现干旱，缺水问题将更加严重。目前的做法，常常是城市挤占农业用水和生态用水，而这种方式是不可持续的，黄淮海流域各城市应根据当地的水资源承载能力确定城市发展规模，避免过度扩张带来的资源、环境问题。

(3)优化黄淮海地区水资源配置，提高水利工程保障能力。黄淮海地区水资源配置应以提高用水效率和水资源承载能力为核心，以南水北调工程及其配套设施为主体，合理配置长江水、黄河水和当地水，优化宏观配置格局，缓解资源型缺水危机，保障城乡供水安全，恢复和改善生态环境。配置的重点是退还挤占的河道内生态环境用水和超采的地下水、弥补现状缺水以及未来城市和工业化发展对水资源的合理需求，在南水北调中东线工程实施后，形成以东线和中线工程为骨干、引黄和当地水资源工程为辅助，流域内各水系互助联结的水资源配置网络体系。

(4)实施耗水管理，实现真实节水。目前黄淮海流域节水潜力最大的环节在于节水管理，传统的水资源节水管理，注重取水管理，节水效果主要由取水量的减少来衡量，取水的减少量等同于节约的水量。因此，在进行水资源节水管理时，一般是发达地区或者强势部门通过提高水的重复利用率和消耗率，在不突破许可取水量限制的条件下，尽可能发展本区域的经济，但过程都是把节约下来的水又进行了扩大再生产，表面上取水量没有发生大的变化，但结果是区域湖泊湿地逐步消失、河道断流时间不断变长，其实质是消耗了更多的水量，退水量大幅减少。另外，在流域水资源总量基本不变的情况下，这就意味着欠发达地区或者弱势部门如农业、生态等部门可使用的水资源将被挤占，越是在水资源紧缺的地区，这种矛盾越是突出。因此，按照以上水资源节水管理方式，水资源利用的可持续性和公平性并不能真正得到保证，生态系统的安全也并不能真正得到保障、甚至会加剧恶化。综合看来，资源型节水才是真实节水，而资源型节水主要减少无效或低效的蒸发蒸腾量，这只有通过耗水(ET)管理才能实现。耗水管理是以区域 ET 总量控制、ET 效率提高为核心，其理念认为只有减少 ET 消耗量，只有减少水分的蒸发蒸腾，才是区域水资源量的真正节约，是真实的资源型节水，这与传统的节水管理是有区别的。

(5)积极开发利用非传统水资源。微咸水、海水利用和污水资源化，对缓解干旱缺水具有战略意义。在海河平原中东部，有大量零星分布的微咸水，埋深一般在 3～4m。沧州、衡水、天津一带的微咸水面积有 3.2 万 km^2，可开采量约 30 亿 m^3。研究表明，咸水和淡水混合用于农田灌溉，具有效果好、成本低、易实施等优点，应逐步加以利用。黄淮海地区东部的天津、唐山、秦皇岛、东营、连云港等滨海城市，有利用海水的良好条件，应逐步将海水用于电厂冷却和生活杂用水。此外，海水淡化也有广阔的应用前景，应加快开发利用研究，降低生产成本，以补充水资源的不足。

(6)加强地下水涵养，改善孕灾环境。黄淮海流域地下水超采问题由来已久，近年来由于长期干旱缺水，而水资源开发利用却不断增加，地表水开发利用消耗率都已大幅度超过或接近 40%以下的开发利用率安全警戒线，被迫超采地下水。20 多年来，三流域已累计超采地下水 900 多亿 m^3，造成地下水埋深大面积持续下降，地下水漏斗严重。超采主要分布在三大流域的平原、盆地地区。其中尤以海河流域超采最严重。2007 年海河流域地下水开采量(含微咸水开采量)为 263 亿 m^3，占供水总量的 65%。超采面积占总面积的 35.1%，形成了面积共达 4.26 万 km^2 的地下漏斗群，最大埋深近 100m。由于地下水长期严重超采，地下水位持续下降，部分地区地下含水层被疏干，引发地下水资源枯竭、地面沉降、地面塌陷和地下淡水水质恶化等严重的生态与环境问题。建议加强生态环境的保护，改进生产工艺，限制高耗水、高污染工业排污，提高工业用水重复利用率，加大污水治理力度，加强地表水污染治理。通过正在实施的南水北调东、中线工程，退减地下水超采量，涵养地下水源。

2.3.4.5 长江中下游地区旱灾风险分析及管理战略

1. 旱灾风险类型及成因分析

(1)农业旱灾风险类型及成因分析。

由图 2.54 可见,长江中下游地区的农业风险涵盖了除资源型之外的其他 7 种类型,与资源型相关的地区较少,主要分布在北部边缘地区,与产业结构相关的地区主要分布在东部地区,与管理相关的地区主要分布在中西部地区,低风险的地市不多,零星分布。该地区降水丰富,河流聚集,水资源相对丰沛,大部分地区风险不是特别高,但是粮食主产区的苏北、皖北,都存在一定的旱灾风险。例如江苏省耕地面积比例在 40%以上,大部分地级市的粮食单产高于 450kg/亩,安徽省淮北市,耕地面积比例达 60%左右,在农业生产导致暴露性较高的情况下,风险较高,其中江苏北部的部分地级市资源与农业生产以及产生不匹配的现象,属于资源与产业结构叠加型。综合分析,资源与农业生产规模及水平的不匹配,是粮食主产区农业旱灾风险的主要原因,抗旱能力不足,脆弱性较高是其他地区风险的主要因素。

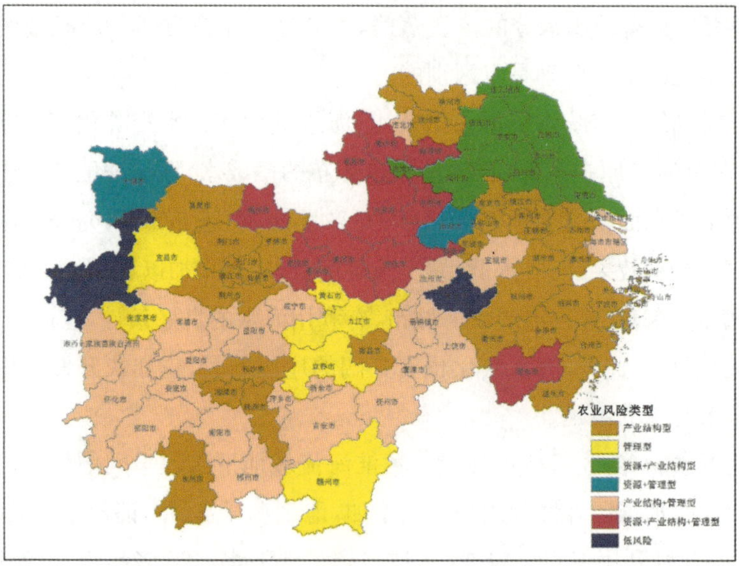

图 2.54 长江中下游地区农业旱灾风险类型分布情况

进一步分析该地区的农业旱灾脆弱性各因素,可见,部分山区农民收入低,自发抗旱意识弱,抗旱服务组织不足,抗旱条件恶劣,抗旱能力低,是该地区脆弱性较高的原因。

(2)城市旱灾风险类型及成因分析。

由图 2.55 可见,该地区涉及的城市较多,面积较大,城市风险涵盖了所有类型,与资源相关的城市不多,主要分布在东北部江苏和安徽省部分地级市,与城市规模相关的城市主要分布在东部沿海的发达地区和沿长江地区,以长三角为代表,该地区是我国最发达的地区,城市规模大,经济发达。与管理相关的城市非常多,主要分布在西部及北部,相对东部,其经济稍落后，应急供水率也较低。低风险城市主要分布在南部。由此可知，长江中下游地区的城市，管理不完善，应急备用水源十分缺乏，这是城市旱灾风险的主要原因。另外，北部水资源相对有限，东部沿海城市规模较大，也是造成城市风险较大的原因。

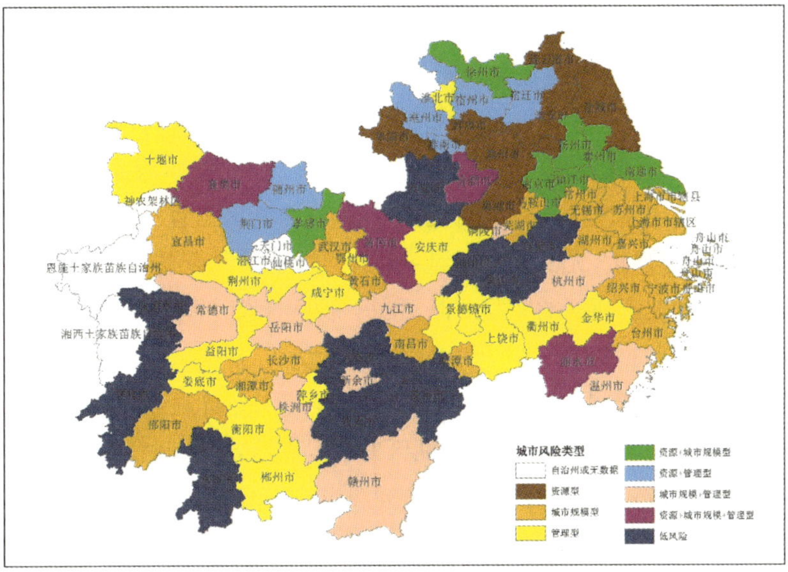

图 2.55　长江中下游地区城市旱灾风险类型分布情况

2. 对策建议

长江中下游地区是我国重要的农产品生产基地，也是我国重要的经济中心地区，总体上水资源利用水平较高，城镇及工业用水比重大，对供水水质及保证程度要求较高。该地区水资源较为丰富，但各地的水资源条件和社会经济状况差异很大，局部地区存在资源性缺水或季节性缺水。基于长江中下游地区旱情旱灾时空规律以及旱灾风险程度、风险类型的分析，主要从以下几个方面提出建议：

(1)因地制宜地调整种植结构，降低承灾体暴露性。苏北、皖北是粮食和经济作物主产区，农业用水占据了较多的生产用水，尤其是北部和东部地区，农业旱灾风险较高，可以在一定程度上调整种植结构，改种耐旱作物，或通过农产品交易的方式实现水资源的流动。缺水地区应压缩高耗水作物种植面积，积极推广节水耐旱优良品种。高扬程多级提水地区，抗旱成本很高，要坚定地走水改旱的路子。

(2)增强城市节水意识，提高干旱防范意识。虽然长江中下游地区的水资源相对丰沛，但是该地区城市第二、三产业发达，实施节水措施十分必要。城市节水的主要措施是调整产业结构和工业布局，依靠科技进步对现有企业进行节水技术改造，提高重复利用率；积极推广应用城市节水技术和节水型器具，改造供水管网系统，减少跑冒滴漏现象；建立合理的水价形成机制，制定不同行业、产品的用水标准和用水定额，发挥经济杠杆的调节作用，推动节约用水，减轻供水压力，创建节水型工业和节水型城市。

(3)抓好灌区的续建配套、节水改造，提高水利工程保障能力。长江中下游地区水库普遍建于20世纪60年代前后，由于先天不足，加之配套改造工程未跟上，水利工程病险情加重，造成现有工程供水能力相对下降，抗旱能力衰减。例如，江西省水利工程众多，全省共有各类水库9268座，位居全国第二位，但现有水库基本上是20世纪50、60年代修建的，建设标准低，经过几十年的运行，大多数老化严重，抗旱能力减弱。目前，江西病险水库达3488座，占水库总数的37.6%，全省1/3的抽水泵站严重老化，1/3带病运行。湖北省现有大型泵站114处，一般运行时间已超过30年，有一半的设施老化失修，效益衰减20%左右，运行中容易出现故障，急需更新改造。从灌溉设施来看，许多灌区工程标准低，施工质量差，渠系不配套，工程老化，损坏严重，尤其是田间地头的支渠、斗渠和毛渠毁坏严重，灌溉面积达不到设计标准。譬如，湖北省灌区的实际灌溉面积一般只有设计灌溉面积的70%左右，而且灌溉渠道大多为土渠，渗漏损失大，水的利用系数一般为0.4～0.6，输水损失率高达50%左右。要针对现有大中型灌区渠系配套不齐全，串田漫灌十分普遍，用水浪费，不能充分发挥抗旱效益的问题，搞好田间工程配套，加快灌区的节水改造，因地制宜实施渠道防渗、低压管输水、喷灌微灌、沟畦改造等措施，改变传统的灌溉方式，提高用水效率。

(4)加强水污染防治，改善孕灾环境。长江中下游地区城镇星罗棋布，人口稠密，工业发达，由于在发展经济的过程中忽视了水环境保护，加上污水处理设施建设严重滞后，造成水污染加剧。长江中小支流常年污染和大支流间歇性污染现象较为严重，一些沿江城市的岸边水体多劣于Ⅲ类水，尤其是太湖和巢湖流域的污染最为严重。特别是当遭遇干旱的时候，河道径流减少，水污染问题尤其突出，许多用水困难的地区只能“望水兴叹”。要解决长江中下游地区水质型缺水问题，必须以水权、水市场理论为基础，切实加强水污染防治工作，实现水污染防治从末端治理为主向源头控制为主的战略转移，全面实施水污染物总量控制和排污许可证制度，加强对污染排放单位的审核和监管，以此来提高水环境的承载能力。

2.3.4.6 西南地区旱灾风险分析及管理战略

1. 旱灾风险类型及成因分析

(1)农业旱灾风险类型及分析。

由图2.56可见，在农业旱灾风险方面，西南地区涵盖了7种类型，包括资源型、产业结构型、管理型、资源和管理叠加型、产业结构和管理叠加型、资源和产业结构和管理叠加型、低风险型。与资源相关的地市数量不多，主要分布在西藏，西藏的年均降水量在400mm左右。除此之外，西南大部分地区降水量都在1000mm以上。与产业结构相关的地区主要分布在四川，这是由于四川是该大区中的粮食主产区，其东部盆地的生产规模和水平也是较高的，粮食单产在300kg/亩以上。与管理相关的地市较多，主要分布在东部和西部，这些地区受到地形地貌的影响，水资源开发利用程度低，水利工程也十分不完善。另外，西藏地区经济较落后，抗旱设施不完善，脆弱性也较高。可见，该地区大部分地市的旱灾风险与管理相关，农业脆弱性高，应急管理水平和抗旱能力有限，是该地区农业旱灾风险的主要原因。进一步分析该地区的脆弱性因素，可见，三个要素都处于较高脆弱等级。因此，水利工程不足，经济实力落后，应急能力较低，造成该地区脆弱性极高，导致农业旱灾风险较高。西南地区地级市农业旱灾脆弱性各因素等级分布情况见图 2.57。

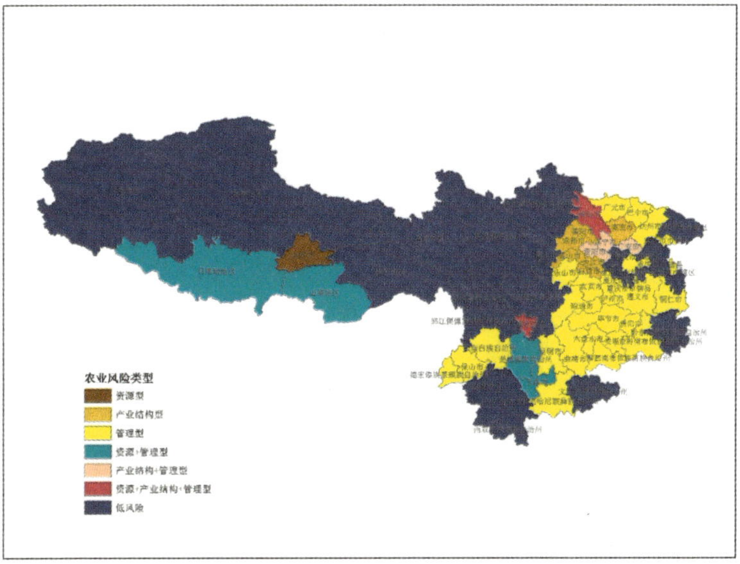

图 2.56　西南地区农业旱灾风险类型分布情况

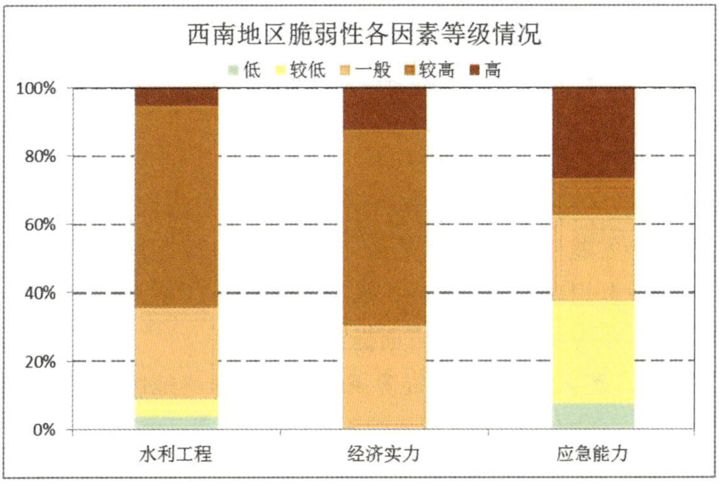

图 2.57　西南地区地级市农业旱灾脆弱性各因素等级分布情况

(2)城市旱灾风险类型及成因分析。

由图 2.58 可见，西南大面积分布着少数民族自治州，城市集中在四川、重庆、云南和贵州部分地区，包括除资源和城市规模叠加型之外的其他 7 种风险类型，其中与资源相关的城市个数很少，分布在四川，与城市规模相关的城市也很少，分布在四川和云南，和管理相关的城市最多，主要是由于应急供水率太低。表明该地区绝大部分城市旱灾管理体系不完善，风险与缺少应急备用水源工程有关。可见，缺少城市应急备用水源，是该地区城市旱灾风险的主要原因。

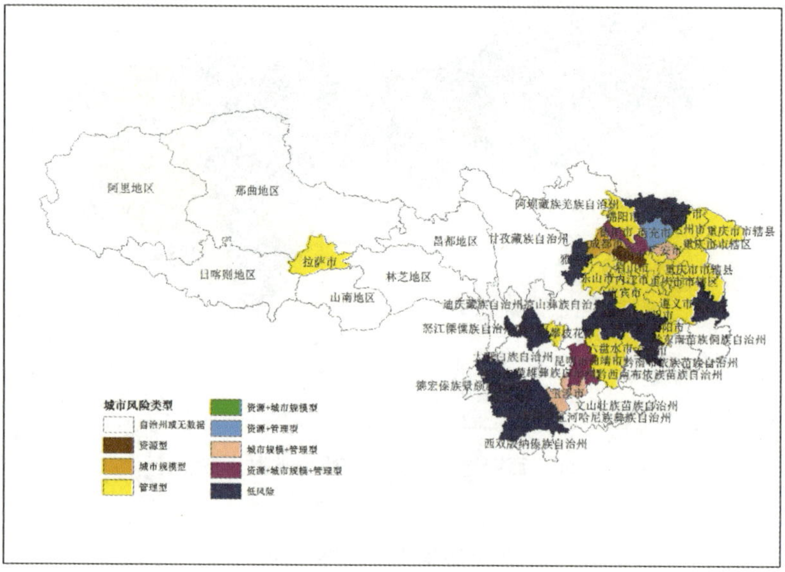

图 2.58 西南地区城市旱灾风险类型分布情况

2. 对策建议

西南地区地貌复杂，多高山峡谷，以山地丘陵为主，云贵两省素有“八山一水一分田”之称，交通不便，经济社会发展相对滞后，水资源丰富，但缺少控制性骨干工程，水资源调控能力不足，田高水低，开发利用水平相对较低。基于西南地区旱情旱灾时空规律以及旱灾风险程度、风险类型的分析，主要从以下几个方面提出建议：

(1)构建水源骨干工程体系，提高水资源调控能力。西南地区虽然水资源相对丰沛，但降雨时空分布不均，加之受喀斯特等地质地貌限制，大中型骨干控制性水源工程和配置工程不足，配套引水设施缺乏，工程性缺水问题十分突出。每当发生较长时间干旱时，常是溪河断流、塘堰干涸，此时最能发挥抗旱效益的即是大、中型骨干蓄水工程，而西南地区这类骨干工程又非常欠缺。四川省全省已建水库 6668 座，总库容 99 亿 m^3，其中大型水库 6 座，中型水库 101 座，大、中型水库占全省水库总处数的 1.6%，仅占全省蓄水工程总数的万分之二，蓄水工程规模太小，灌溉保证率低，抗御水旱灾害的能力差。贵州、西藏和重庆也面临同样的问题。贵州省没有大型水库，90%以上是小型水利工程，全省农田灌溉率只有 26%；西藏引水式灌区占总灌溉面积的90%以上;重庆市90%以上有效灌溉面积依靠供水保证率较低的小型水利设施进行灌溉。因此,大中小水利工程需要统筹考虑,水库、塘坝、水窖等需相互补充,建设旱能灌、涝能排,有水存得住、没雨用得上的水利工程体系,十分必要和紧迫。建议加快四川亭子口、贵州黔中枢纽、重庆玉滩、广西漓江补水等重点工程建设步伐,推进云南牛栏江向滇池补水、四川武都引水二期、重庆金佛山等工程前期工作,抓紧建设一批中型水库水源工程,提高水资源调蓄能力。要以大型骨干水源配置工程为中心,推进江河水系连通,建设大中小型水源调蓄工程,实行调水引流、多源互补、丰枯调剂、以清释污,实现水资源优化配置,全面提高水利工程抗御大旱、减轻灾害、抵御风险的能力。

(2)加强抗旱应急备用水源工程建设,着力解决因旱人畜饮水困难。西南地区虽然降水相对丰沛,但是由于地形复杂,产汇流及取水条件很差。另外,山丘区居住分散,大型水源工程覆盖率低,在发生严重旱情情况下,抗旱应急备用水源极度匮乏,导致城镇地区供水保障不足,因旱人畜饮水困难问题十分突出。1991—2007年多年平均因旱饮水困难人口大于300万的省区有河北、河南、湖南、四川、云南、甘肃等6个省,其中四川、云南均位于西南地区。根据2006—2011年各省因旱饮水困难人口统计,因旱人畜饮水困难人口主要分布在云南、重庆、贵州、四川、广西五省(区、市),其中2006年重庆因旱人畜饮水困难人口最多,2007年四川最多,2010年云南、贵州最多。2009—2010年西南地区发生秋冬春三季连旱,因旱饮水困难人口多达2000余万人。此外,西南地区因旱畜饮水困难也较为严重,四川、云南等省1991—2007年多年平均因旱饮水困难牲畜数量大于300万头。因此,针对高山丘陵、坪坝等水源短缺区域,抗旱应急备用水源工程建设和布局应在长江上游区重点建设控制性骨干工程和常规人畜饮水工程建设的基础工业上,以解决农村人(畜)因旱饮水困难为重点,合理配置水资源,加强抗旱应急蓄、引、提水能力建设,包括对现有小型水库清淤、扩建和除险加固,新建部分中、小型水库工程及小型抗旱应急备用水源工程,并配置必要的机动抗旱运水设备。

(3)搞好水土保持综合治理,涵养山区水源。由于西南地区位于我国大江大河上游,山地面积广,地形起伏大,加之位于亚热带地区,降雨量大且多暴雨,山地植被一旦遭到破坏,就会引起严重的水土流失,导致土地退化、毁坏耕地、江河湖库淤积、土地水分涵养力下降、生存环境恶化等,进一步加剧了旱灾脆弱性。因此,要坚持预防为主、保护优先、因地制宜、分区治理的原则,建立健全水土保持制度,强化生产建设项目水土保持监督管理,有效防治水土流失。实施国家水土保持重点工程,采取小流域综合治理、淤地坝建设、坡耕地整治、造林绿化、生态修复等措施,有效防治水土流失,特别是加强西南石漠化地区水土流失防治。加强重要生态保护区、水源涵养区、江河源头区、湿地的保护。

2.3.4.7 华南地区旱灾风险分析及管理战略

1. 旱灾风险类型及成因分析

(1)农业旱灾风险类型及成因分析。

由图2.59可见,华南地区的风险类型个数是六大区中最少的,只有产业结构型、管理型及二者叠加型、资源和产业结构和管理叠加型、低风险型。其中产业结构型相关的地区主要在福建、广西，这些地区农业并不十分发达，但是在农业风险三性质中，暴露性等级稍高于危险性或脆弱性，被归为了产业结构型。与管理型相关的地区占大多数，表明该地区由于农业生产规模小，水资源又相对丰富，造成对干旱的重视程度远远不如洪水，大部分地区抗旱措施不完善，例如抗旱服务人员缺乏，应急能力差，因此脆弱性较高是旱灾风险的主要原因。进一步分析其脆弱性的薄弱环节。华南地区的水利工程和经济实力脆弱性都不是很高，而60%的地级市的应急能力属于高脆弱性，因此推断，缺少抗旱服务组织和旱情监测系统，抗旱应急能力差，是该地区农业旱灾风险的主要原因。华南地区地级市农业旱灾脆弱性各因素等级分布情况见图 2.60。

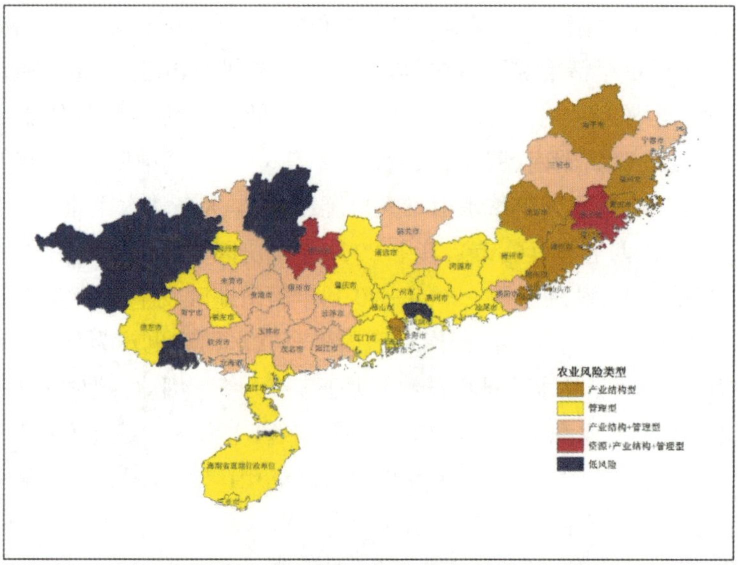

图 2.59　华南地区农业旱灾风险类型分布情况

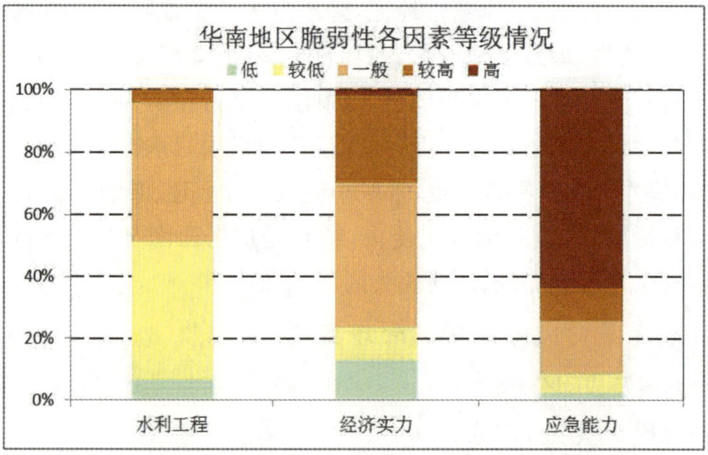

图 2.60　华南地区地级市农业旱灾脆弱性各因素等级分布情况

(2)城市旱灾风险类型及成因分析。

由图 2.61 可见，华南地区的 1/3 的地级城市属于低旱灾风险类型，东南沿海部分城市与城市规模相关，以珠江三角洲为代表的沿海地区，城市发展水平是全国非常高的，例如广州、深圳、佛山、珠海等地区的人均 GDP 都在 7.5 万元以上，南部与管理相关，主要是应急备用水源缺乏，应急供水率基本在 10%以内。因此，城市人口密度大，生产水平高造成暴露性较大，抗旱应急备用水源缺乏，应急能力差，造成脆弱性较高，是华南地区城市旱灾风险的主要原因。

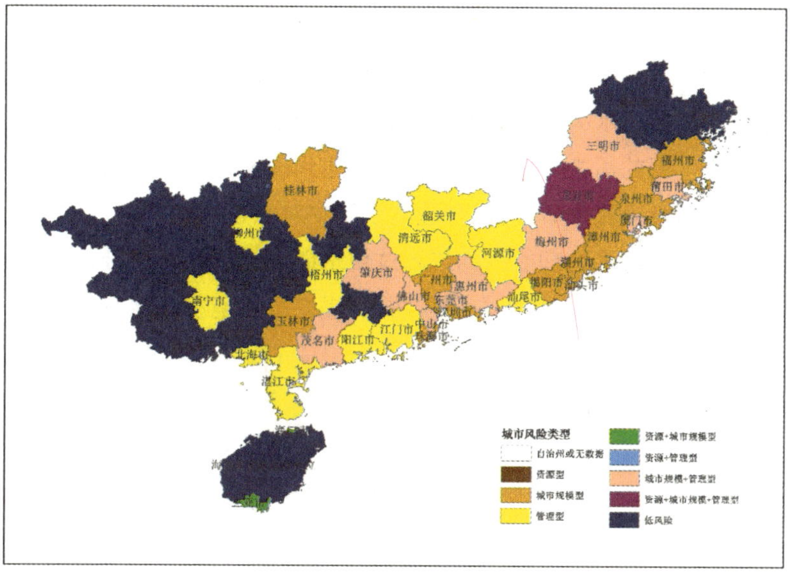

图 2.61　华南地区城市旱灾风险类型分布情况

2. 对策建议

华南地区是我国沿海经济发达的地区，但发展不平衡，山区和丘陵区经济相对落后。该地区水资源条件总体较好，但局部地区存在水质性和季节性缺水。基于华南地区旱情旱灾时空规律以及旱灾风险程度、风险类型的分析，主要从以下几个方面提出建议：

(1)完善非工程措施体系，降低旱灾脆弱性。华南地区水资源条件较好，工程体系也相对完善，但是非工程措施方面却比较欠缺，这也是华南地区农业旱灾风险类型绝大多数与管理型相关的原因，而脆弱性较高是旱灾风险的主要原因。因此，华南地区需要特别强化政策法规、监测预警、抗旱保障、公众防灾避灾等抗旱非工程措施，提高抗旱工作的现代化、科学化、规范化水平。加强中小河流水雨情和重点旱区土壤墒情监测站网建设，构建区域信息共享、数据准确、反应灵敏、传输迅速的抗旱信息平台，及时掌握旱情发展动态；加强中长期天气、水雨情和旱情的预测预报工作，提高灾害预报的超前性、准确性；加强旱情预警系统建设和设施改造，尽快建立旱情监测预警和决策支持系统，进一步提高抗旱工作的现代化、科学化水平。制定并完善抗旱预案，加大对基层抗旱服务组织的投入和支持力度，建立抗旱责任制、多方协调联动机制等抗旱工作机制，进一步提高抗旱工作的规范化水平。深入开展防灾减灾避灾知识、政策、法规宣传，增强社会公众特别是农村居民的防灾减灾意识，提高防灾避险、应急自救、抗灾减损的能力。

(2)开发利用海水资源。华南地区大陆海岸线长，沿海遍布城市、港口和岛屿，有利用海水的条件，在有条件的海滨城市可以充分发挥海水的作用，既可以推广使用海水冷却、海水冲厕，以节省淡水，也可以采用海水淡化作为紧急备用水源，解决特殊干旱年用水的急需。

(3)防止水环境污染，改善孕灾环境。针对严重的水环境污染现象，要对现有的污染源要按照《水污染防治法》的规定，分期分批限期治理，对那些经济效益差、污染严重的企业，要下决心关、停、并、转。对新上项目或引进工业项目，一定要严格把关，选择污染小、效益大的项目，并且对新企业排放污水必须同时建立相应的污水处理设施，与企业同时投产运行，推行清洁生产，防止产生新的污染。城市生活污水和达到国家排放标准的工业废水，仍然含有大量有机污染物质，污染河流水质，所以在城市规划中对兴建污水处理厂的建议也应提出相应的要求，逐步做到城市污水处理能达到或超过供水能力的目标。另外，要进一步提高污水处理率，逐步实现污水资源化，如用于农田灌溉等，提高水环境承载能力。

第 3 章　基于概率统计理论的旱灾风险评估方法及实证研究

3.1　基于传统概率统计理论的旱灾风险评估方法

3.1.1　基于传统概率统计理论的旱灾风险评估方法的实施步骤

如前文所述，基于传统概率统计理论的旱灾风险评估方法属于参数估计法，其计算原理简单，计算简便，易于从时间和空间尺度上进行比较。根据灾害数据类型的不同，该方法又可分为基于气象概率统计的旱灾风险评估方法和基于旱灾损失概率统计的旱灾风险评估方法。该方法主要步骤如下：

(1)将旱灾时序数据由大到小排列，计算其经验频率，并点绘经验点据。其中，旱灾时序数据可以是统计资料，也可以是模型计算结果。设旱灾时序数据长度为 n ，按从大到小的次序排列为 x_1 ，x_2 ，…，x_m ，…，x_n ，则按下式计算经验频率：

$$P = \frac{m}{n+1} \times 100\% \tag{3.1}$$

式中，P 为等于和大于 x_m 的经验频率；m 为 x_m 的序号，即等于和大于 x_m 的项数；n 为样本容量，即旱灾时序数据的总项数。

(2)假设旱灾时序数据系列服从某种分布，采用进行参数估计。

(3)假设检验，检验该分布类型是否合适。

(4)如不合适，则换另一种分布线型，重复以上步骤。也可以选取多种概率分布类型，计算拟合优度值，选拟合优度最好的概率分布类型。

3.1.2　基于传统概率统计理论的旱灾风险评估方法的关键问题

总的来说，基于传统概率统计理论的旱灾风险评估方法实施的关键在于两个问题：一是概率分布曲线的选择；二是参数的估计。

3.1.2.1　概率分布曲线的选择

随机变量的取值与其概率有一定的对应关系，一般将这种关系称为随机变量的概率分布。连续型随机变量的分布是以概率密度曲线和分布曲线表示的，这些分布在数学上有很多类型，其中风险评价中常用的连续型分布有正态分布、对数正态分布、指数分布和皮尔逊

Ⅲ型分布等。

1. 正态分布

正态分布(Normal Distribution),又名高斯分布(Gaussian Distribution),是一个在数学、物理及工程等领域都非常重要的概率分布。若随机变量X服从一个位置参数为μ、尺度参数为σ的概率分布,且其概率密度函数如式(3.2)所示,则这个随机变量就称为正态随机变量,正态随机变量服从的分布就称为正态分布,记作$X-N(\mu,\sigma^2)$。

$$f(x)=\frac{1}{\sigma\sqrt{2\pi}}\exp\left[-\frac{(x-\mu)^2}{2\sigma^2}\right]\quad(-\infty<x<\infty)\tag{3.2}$$

式中:$f(x)$为正态分布概率密度函数;μ为数学期望;σ为标准差。

正态分布概率密度曲线见图3.1。正态分布概率密度曲线与x轴所围成的面积应等于1。

由式(3.3)、式(3.4)可以看出,68%的样本点取值落在均值μ的一个σ范围内,95%的样本点取值落在均值μ的两个σ范围内,99%的样本点取值落在均值μ的三个σ范围内。

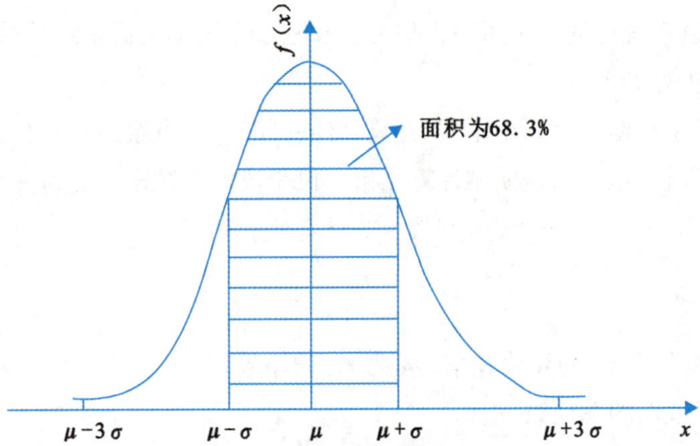

图3.1 正态分布概率密度曲线

$$P(\mu-\sigma\leqslant x\leqslant\mu+\sigma)=\frac{1}{\sigma\sqrt{2\pi}}\int_{\mu-\sigma}^{\mu+\sigma}\exp\left[-\frac{(x-\mu)^2}{2\sigma^2}\right]dx=0.683\tag{3.3}$$

$$P(\mu-2\sigma\leqslant x\leqslant\mu+2\sigma)=\frac{1}{\sigma\sqrt{2\pi}}\int_{\mu-2\sigma}^{\mu+2\sigma}\exp\left[-\frac{(x-\mu)^2}{2\sigma^2}\right]dx=0.9544\tag{3.4}$$

$$P(\mu-3\sigma\leqslant x\leqslant\mu+3\sigma)=\frac{1}{\sigma\sqrt{2\pi}}\int_{\mu-3\sigma}^{\mu+3\sigma}\exp\left[-\frac{(x-\mu)^2}{2\sigma^2}\right]dx=0.997\tag{3.5}$$

当$\mu=0$,$\sigma=1$时,该正态分布称为标准正态分布。

2. 对数正态分布

当随机变量 X 的对数值服从正态分布时,则称 X 服从以 μ 和 σ 为参数的对数正态分布(Logarithmic Normal Distribution)。对数正态分布概率密度函数如式(3.6)所示,其分布曲线见图3.2。

$$f(x)=\frac{1}{x\sigma\sqrt{2\pi}}\exp\left[-\frac{(\ln x-\mu)^2}{2\sigma^2}\right]\quad(0<x<\infty)\tag{3.6}$$

对数正态分布的均值和方差分别为:

$$E(x)=\exp\left(\mu+\frac{\sigma^2}{2}\right)\tag{3.7}$$

$$D(x)=[\exp(\sigma^2)-1]\exp(2\mu+\sigma^2)\tag{3.8}$$

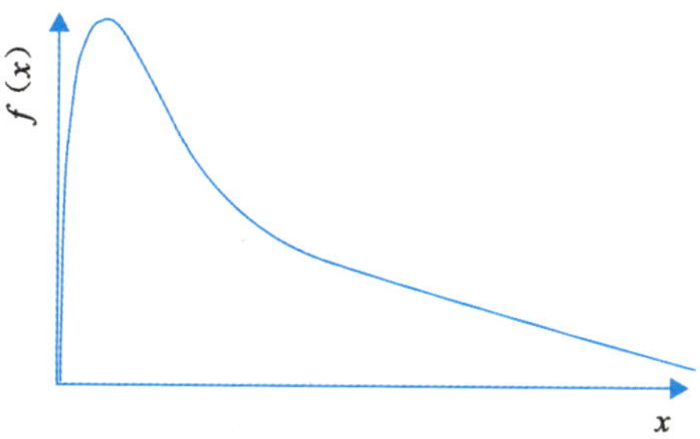

图3.2　对数正态分布概率密度曲线

3. 指数分布

若随机变量 X 的概率密度函数为式(3.9),则称 X 服从参数为 λ 的指数分布(Exponential Distribution),记作 $X-e(\lambda)$,其分布曲线见图3.3。

$$f(x)=\lambda e^{-\lambda x}(x\geqslant 0,\lambda>0)\tag{3.9}$$

指数分布的均值和方差分别为:

$$\mu=\frac{1}{\lambda}\tag{3.10}$$

$$\sigma^2=\left(\frac{1}{\lambda}\right)^2\tag{3.11}$$

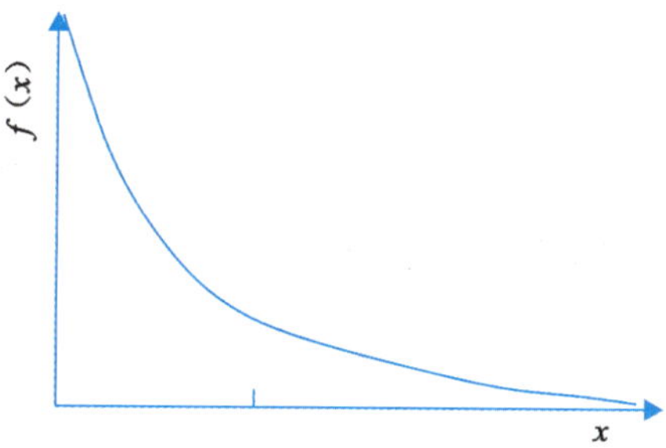

图3.3　指数分布概率密度曲线

4. 皮尔逊Ⅲ型分布

英国生物学家皮尔逊通过很多资料的分析研究，提出一种概括性的曲线族，包括 13 种分布曲线。其中，皮尔逊Ⅲ型曲线在我国水文界广泛使用。皮尔逊Ⅲ型曲线，是一条一端有限一端无限的不对称单峰、正偏曲线，数学上称为伽玛分布。皮尔逊Ⅲ型分布概率密度函数如下：

$$f(x)=\frac{\beta^{\alpha}}{\Gamma(\alpha)}(x-a_0)^{\alpha-1}\mathrm{e}^{-\beta(x-a)} \tag{3.12}$$

式中：$\Gamma(\alpha)$ 为 α 的伽玛函数；α 为形状参数，$\alpha>0$；β 为尺度参数，$\beta>0$；a_0 为位置参数。

显然，α、β、a_0 确定以后，该密度函数也随之确定。这三个参数与总体的三个统计参数 $\bar{x}$、C_v、C_s 具有下列关系：

$$\alpha=\frac{4}{C_s^2} \tag{3.13}$$

$$\beta=\frac{2}{\bar{x}C_vC_s} \tag{3.14}$$

$$a_0=\bar{x}(1-\frac{2C_v}{C_s}) \tag{3.15}$$

式中：$\bar{x}$ 为均值；C_v 为变差系数；C_s 为偏态系数。

皮尔逊Ⅲ型曲线的形状主要决定于参数 C_s（或 α），根据参数的不同，可区分为四种形状，见图 3.4。当 $0<\alpha<1$ 时，即 $2<C_s<\infty$ 时，概率密度曲线呈乙形，以 x 轴和 $x=b$ 直线为渐近线，见图 3.4(a)。当 $\alpha=1$，即 $C_s=2$ 时，密度曲线退化为指数曲线，仍呈乙形，但左端截止在曲线起点，右端仍伸到无限，见图 3.4(b)。当 $1<\alpha<2$，即 $\sqrt{2}<C_s<2$ 时，密度曲线呈铃形，左端截止在曲线起点，且在该处与直线 $x=b$ 相切，右端无限，见图 3.4(c)。当 $\alpha>2$，即 $C_s<\sqrt{2}$ 时，密度曲线呈铃形，起点处曲线与 x 轴相切，右端无限，见图 3.4(d)。以上各种形状的曲线都是对正偏而言的。

水文计算中，一般需求出指定频率 P 所相应的随机变量取值 x_p，这要分析密度曲线，通过对密度曲线进行积分，求出等于及大于 x_p 的累积频率 P 值，则

$$P=P(x\geqslant x_p)=\frac{\beta^{\alpha}}{\Gamma(\alpha)}\int_{xp}^{\infty}(x-a_0)^{\alpha-1}\mathrm{e}^{-\beta(x-a_0)}\mathrm{d}x \tag{3.16}$$

直接由上式计算 P 值非常麻烦，实际做法是通过变量转换，根据拟定的 C_s 值进行积分，并将成果制成专用表格，从而使计算工作大大简化。

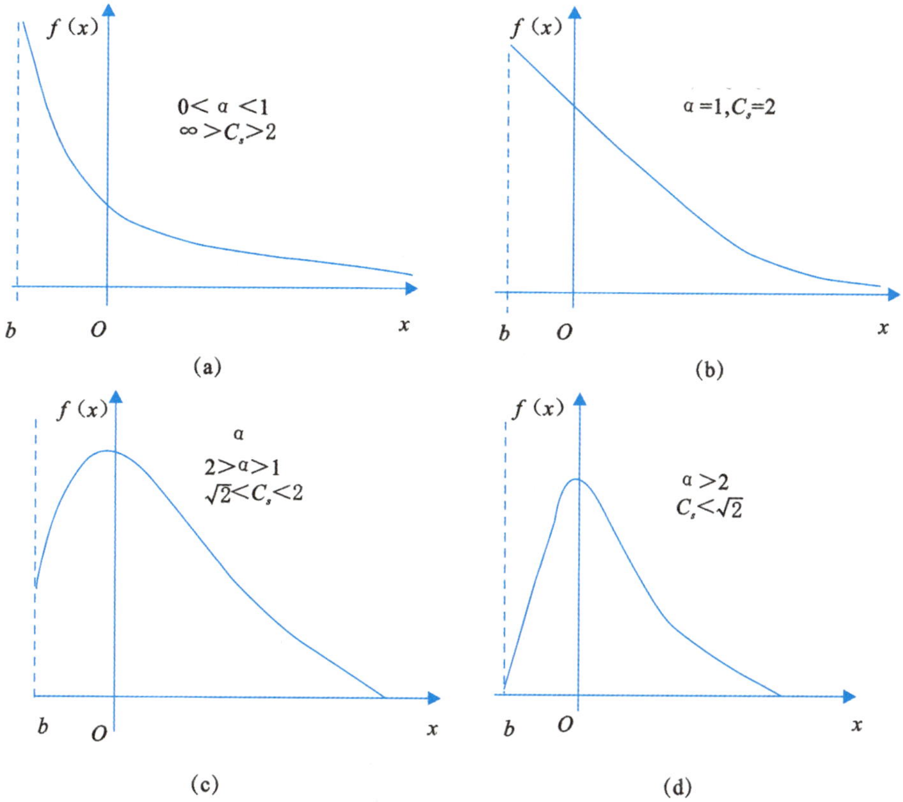

图 3.4　皮尔逊Ⅲ型分布概率密度曲线

$$\Phi = \frac{x - \bar{x}}{\bar{x} C_v} \tag{3.17}$$

则有：

$$x = \bar{x}(1 + C_v \Phi) \tag{3.18}$$

$$\mathrm{d}x = \bar{x} C_v \mathrm{d}\Phi \tag{3.19}$$

式中：Φ 是标准化变量，称为离均系数，Φ 的均值为 0，标准差为 1。这样经标准化变换后，将式(3.18)、式(3.19)代入式(3.16)，简化后可得：

$$P(\Phi > \Phi_P) = \int_{\Phi P}^{\infty} f(\Phi、C_s)\,\mathrm{d}\Phi \tag{3.20}$$

式(3.20)中被积函数只含有一个待定参数 C_s，其他两个参数 $\bar{x}$ 和 C_v 都包括在 Φ 中，因而只要假定一个 C_s 值，便可通过积分求出 P 与 Φ 之间的关系。C_s、P 与 Φ_P 的对应数值可以查表得出。

在进行频率计算时，由已知的 C_s 值，查皮尔逊Ⅲ型频率曲线的离均系数 Φ 值表得出不同 P

的 Φ_P 值，然后利用已知的 $\bar{x}$ 、C_v 值，即可求出与各种 P 相应的 x_P 值，从而可绘出频率曲线。

3.1.2.2 参数估计

在概率分布函数中都含有一些表示分布特征的参数，例如皮尔逊Ⅲ型分布曲线中就包含有 3 个参数 $\bar{x}$、C_v、C_s 。水文频率曲线线型选定之后，为了具体确定出概率分布函数，就得估计出这些参数。由于水文现象的总体通常是无限的，我们无法取得，这就需要用有限的样本观测资料去估计总体分布线型中的参数，称为参数估计。由样本估计总体参数的方法很多，例如矩法、极大似然法、适线法等。

1. 矩估计法

矩估计由英国统计学家皮尔逊于 1894 年提出的，也是最古老的一种估计法之一，也是频率分析计算中广泛使用的一种方法。对于随机变量来说，矩是其最广泛，最常用的数字特征，主要有原点矩和中心矩。由辛钦大数定律可知，简单随机样本的原点矩依概率收敛到相应的总体原点矩，这就启发我们想到用样本矩替换总体矩，进而找出未知参数的估计。矩估计法是用样本矩估计总体矩，并通过矩和参数之间的关系，来估计频率曲线参数的一种方法。具体而言，如果总体中有 K 个未知参数，可以用前 K 阶样本矩估计相应的前 k 阶总体矩，然后利用未知参数与总体矩的函数关系，求出参数的估计量。

若总体 X 的分布类型已知，且含 l 个未知参数，X_1 , X_2 ,…, X_n 是总体 X 的样本，假定总体 X 的一阶直到 l 阶原点矩 $E(X^k)(k=1,2,\cdots,l)$存在，解下列方程组：

$$\begin{cases} g_1(\theta_1,\theta_2,\cdots,\theta_l)=E(X)=\dfrac{1}{n}\sum\limits_{i=1}^{n}X_i \\ g_2(\theta_1,\theta_2,\cdots,\theta_l)=E(X^2)=\dfrac{1}{n}\sum\limits_{i=1}^{n}X_i^{\,2} \\ \cdots \\ g_l(\theta_1,\theta_2,\cdots,\theta_l)=E(X^l)=\dfrac{1}{n}\sum\limits_{i=1}^{n}X_i^{\,l} \end{cases} \tag{3.21}$$

得 $\theta_1,\theta_2,\cdots,\theta_l$ 的估计量为：

$$\begin{cases} \hat{\theta}_1=\hat{\theta}_1(X_1,X_2,\cdots,X_n) \\ \hat{\theta}_2=\hat{\theta}_2(X_1,X_2,\cdots,X_n) \\ \cdots \\ \hat{\theta}_l=\hat{\theta}_l(X_1,X_2,\cdots,X_n) \end{cases} \tag{3.22}$$

由上述方法所确定的参数的估计量称为矩估计量，式(3.22)是以 $\theta_1,\theta_2,\cdots,\theta_l$ 为未知量、有 l 个变量、l 个方程的方程组。如果该方程组有解，则由方程组求得的 $\theta_1,\theta_2,\cdots,\theta_l$ ，它们均是样本的函数，即为 $\theta_1,\theta_2,\cdots,\theta_l$ 的矩估计量 $\hat{\theta}_1,\hat{\theta}_2,\cdots,\hat{\theta}_l$，其中总体的一阶到 l 阶原点矩由总体的分布可以求得，而且它们是 $\theta_1,\theta_2,\cdots,\theta_l$ 的函数。

值得注意的是，用矩法估计参数，样本矩与总体矩应保持一致，且有几个参数要估计，就要列出几个方程。最常用的矩估计是用样本均值 $\bar{X}$ 估计总体均值 $E(X)$，用样本的二阶中心矩估计总体方差 $D(X)$。

矩估计法简单，实用性广，特别是直接求总体数字特征（如期望、方差等）的矩估计量时，其结果不依赖于总体分布的具体形式，使用很方便。但矩估计法也有一些缺点，对某些特定的分布，它可能不如某个专门的估计量好；当样本容量较大时，用它所得参数估计值的精度一般不及后边将要介绍的极大似然估计法得到的估计值的精度高；矩法应用的前提是总体矩要存在，但有时这一点不一定成立。

2. 极大似然估计法

英国统计学家 R. A. Fisher 于 1912 年提出了参数的极大似然估计法，进一步改进了矩估计法。实践证明，这种方法具有许多优良性质，是一种非常重要的点估计方法。

设总体 X 的 θ 为未知参数，概率密度为 $f(x;\theta)$，$X_1,X_2,\cdots,X_n$ 为 X 的一个样本，则称样本的联合概率密度为参数 θ 的似然函数，记作 $L(\theta)$，即

$$L(\theta)=L(x_1,x_2,\cdots,x_n;\theta)=\prod_{i=1}^{n}f(x_i;\theta) \tag{3.23}$$

若总体概率密度中待估参数有 l 个：$\theta_1,\theta_2,\cdots,\theta_l$，则参数 $\theta_1,\theta_2,\cdots,\theta_l$ 的似然函数为：

$$\begin{aligned}L(\theta_1,\theta_2,\cdots,\theta_l)&=L(x_1,x_2,\cdots,x_n;\theta_1,\theta_2,\cdots,\theta_l)\\&=\prod_{i=1}^{n}f(x_i;\theta_1,\theta_2,\cdots,\theta_l)\end{aligned} \tag{3.24}$$

对于式(3.24)，如果存在 $\hat{\theta}(x_1,x_2,\cdots,x_n)$，使其在 $\theta=\hat{\theta}$ 时，有：

$$L(\hat{\theta})=L(x_1,x_2,\cdots,x_n;\hat{\theta})=\max\{L(x_1,x_2,\cdots,x_n;\theta)\}=\max\{L(\theta)\} \tag{3.25}$$

则称 $\hat{\theta}=\hat{\theta}(X_1,X_2,\cdots,X_n)$ 为 θ 的极大似然估计量。

对于式(3.25)，如果存在 $\hat{\theta}_i(x_1,x_2,\cdots,x_n)\ (i=1,2,\cdots,l)$，使其在 $\theta_i=\hat{\theta}_i\ (i=1,2,\cdots,l)$ 时，

$$\begin{aligned}L(\hat{\theta}_1,\hat{\theta}_2,\cdots,\hat{\theta}_l)=L(x_1,x_2,\cdots,x_n;\hat{\theta}_1,\hat{\theta}_2,\cdots,\hat{\theta}_l)&=\max\{L(x_1,x_2,\cdots,x_n;\hat{\theta}_1,\hat{\theta}_2,\cdots,\hat{\theta}_l)\}\\&=\max\{L(\hat{\theta}_1,\hat{\theta}_2,\cdots,\hat{\theta}_l)\}\end{aligned} \tag{3.26}$$

则称 $\hat{\theta}_i=\hat{\theta}_i(X_1,X_2,\cdots,X_n)$ 为 $\theta_i(i=1,2,\cdots,l)$ 的极大似然估计量。

由于似然函数通常是一些函数的乘积，取对数后运算会简化，同时对数函数为增函数，$L(\theta)$ 和 $\ln L(\theta)$ 在相同点达到最大。因此，式(3.24)和式(3.25)可以写成：

$$\ln L(\theta)=\sum_{i=1}^{n}\ln f(x_i;\theta) \tag{3.27}$$

$$\ln L(\theta_1,\theta_2,\cdots,\theta_l)=\sum_{i=1}^{n}\ln f(x_i;\theta_1,\theta_2,\cdots,\theta_l) \tag{3.28}$$

对于式(3.28),根据一元函数极值存在的必要条件有：

$$\frac{\mathrm{d}\ln L(\theta)}{\mathrm{d}\theta}=0 \tag{3.29}$$

则称式(3.29)为似然方程,从而解得 θ 的极大似然估计量 $\hat{\theta}=\hat{\theta}(X_1,X_2,\cdots,X_n)$ 。

对于式(3.28),根据多元函数极值存在的必要条件有：

$$\begin{cases}\dfrac{\partial\ln L(\theta_1,\theta_2,\cdots,\theta_l)}{\partial\theta_1}=0\\ \dfrac{\partial\ln L(\theta_1,\theta_2,\cdots,\theta_l)}{\partial\theta_2}=0\\ \cdots\\ \dfrac{\partial\ln L(\theta_1,\theta_2,\cdots,\theta_l)}{\partial\theta_l}=0\end{cases} \tag{3.30}$$

则称式(3.30)为似然方程组,由此解出 $\theta_1,\theta_2,\cdots,\theta_l$,从而得到 $\theta_1,\theta_2,\cdots,\theta_l$ 的极大似然估计量为 $\hat{\theta}_i=\hat{\theta}_i(X_1,X_2,\cdots,X_n)$ 。

3. 适线法

适线法(或称配线法)是以经验频率点据为基础,在一定的适线准则下,求解与经验点据拟合最优的频率曲线参数,这是一种能较好地满足水文频率分析要求的估计方法。适线法一直是我国估计洪水频率曲线统计参数的主要方法。适线法主要有两大类,即目估适线法和优化适线法。

(1)目估适线法。

目估适线法估计频率曲线参数的具体步骤如下：

1)将实测资料由大到小排列,计算各项的经验频率,在频率格纸上点绘经验点据(纵坐标为变量的取值,横坐标为对应的经验频率)。

2)选定水文频率分布线型,水文中一般选用皮尔逊Ⅲ型。

3)假定一组参数 $\bar{x}$ 、C_v 和 C_s 。为了使假定值大致接近实际,可用矩法或其他方法求出3个参数值,作为第一次的 $\bar{x}$ 、C_v 和 C_s 的假定值。当用矩法估计时,因 C_s 的抽样误差太大,一般不计算 C_s ,而且根据经验假定 C_s 为 C_v 的某一倍数。

4)根据假定的 $\bar{x}$ 、C_v 和 C_s ,查皮尔逊Ⅲ型曲线的离均系数 Φ 值表,计算 X_P 值,以 X_P

为纵坐标，P 为横坐标，即可得到频率曲线。将此线画在绘有经验点据的图上，看与经验点据配合的情况，若不理想，则修改参数（主要调整 C_v 以及 C_s）再次进行计算。

5）根据频率曲线与经验点据的配合情况，从中选择一条与经验点据配合较好的曲线作为采用曲线。相应于该曲线的参数便看作是总体参数的估值。

6）求指定频率的变量设计值。

由此可见，适线法层次清楚，图像显明，方法灵活，操作容易，所以在水文计算中广泛采用。但是，由于其最优似合准则函数无法定量表示，适线结果因人而异，并与工作者的主观愿望和经验有很大关系。因此，为了避免上述配线时修改参数的盲目性，需要了解统计参数对频率曲线的影响。

（2）优化适线法。

优化适线法是在一定的适线准则（即目标函数）下，求解与经验点据拟合最优的频率曲线的统计参数的方法。常用的适线准则有三种：离差平方和最小准则（OLS）、离差绝对值和最小准则（ABS）、相对离差平方和最小准则（WLS）。其中，最为常用的是离差平方和准则的适线法，又称最小二乘估计法。频率曲线统计参数的最小二乘估计是使经验点据和同频率的频率曲线纵坐标之差的平方和达到极小。对于皮尔逊Ⅲ型曲线，使下列目标函数：

$$S(Q)=\sum_{i=1}^{n}\left[x_i-f(P_i,Q)\right]^2 \qquad (i=1,2,\cdots,n) \tag{3.31}$$

取极小值，即

$$S(\hat{Q})=\min S(Q) \tag{3.32}$$

式中：Q 为参数（如 $\bar{x}$，C_v，C_s）；$\hat{Q}$ 为参数 Q 的最小二乘估计；P_i 为频率；n 为系列长度；$f(P_i,Q)$ 为频率曲线纵坐标。

为了使式（3.31）的 $S(Q)$ 为最小，可将 S 对 Q 求偏导数，并使之等于 0，即

$$\frac{\partial S(\hat{Q})}{\partial Q}=0 \tag{3.33}$$

求解上述正规方程组一般采用优选搜索的方法，直到取得最小值为止。

3.1.3　基于传统概率统计理论的辽宁省旱灾风险评估

本书以辽宁省为试点，采用澳大利亚 APSIM（agricultural production system simulator）模型模拟计算地市级行政单元年均粮食期望损失值，对长序列的年均粮食期望损失值进行频率分析，从而得到农业旱灾风险的风险值。

3.1.3.1 APSIM 模型简介

1. 模型概述

APSIM 模型属于农业机理模型，由隶属于澳大利亚联邦科学与工业研究组织（简称 CSIRO）和昆士兰州政府的农业生产系统组（简称 APSRU）研发。自 20 世纪 90 年代初期开始，APSIM 模型历经 20 多年的发展，目前已研发到 7.8 版本，包括了小麦、玉米、棉花、油菜等 30 多种作物，主要用于模拟作物生长过程以及土壤水、氮动态变化等。

APSIM 模型具有模块化特点，主要由系统控制模块、作物模块、土壤模块以及管理方式模块等四部分组成，具体的模型结构见图 3.5。与其他作物生长模型相比，APSIM 模型最大的区别在于将土壤过程从所模拟的作物中分离出来，进行作物生长发育过程的模拟，模拟作物发育期、生物量和产量等与气象因子、土壤水分的动态关系。APSIM 模型能够准确地预测变化环境条件下的产量变化情况，能够较准确地模拟作物—水分关系，能够较好地模拟轮作、间作及留茬等管理措施下土壤的生产能力。该模型适用范围广，可模拟作物种类众多，且模型兼容性和可升级性强。目前，APSIM 模型已在多种气候条件、多种土壤类型下对多种作物的模拟进行了验证和应用。自引进中国以来，在东北、西南、西北黄土高原等地区进行了大量调查验证工作，模型本地化取得一定进展，具有较好的适应性。

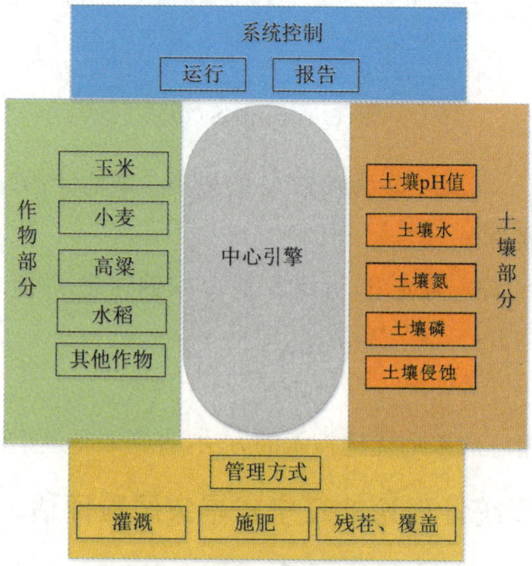

图 3.5 APSIM 模型结构

2. 核心模块及其原理

(1)土壤水模块。

APSIM 模型土壤水模块，沿用了 CERES 模型和 PERFECT 模型的水分模块算法，即级联水平衡模型算法（cascading layer model）。在该模块中，通过田间持水量、饱和含水量和萎蔫系数来表征土壤各土层中的水分特性。但相比于 CERES 模型和 PERFECT 模型，APSIM 模型对土壤水分的模拟以日为时间步长，计算每一土层中的饱和含水量，且不同的土壤类型采用不同的土壤扩散系数。在土壤水运动模拟过程中，饱和水分是由上层向下层移动的，当某层土壤含水量低于田间持水量时，该层非饱和水分将以重力水和水分扩散的形式在相邻两层中移动，当达到某一水分梯度时，结束移动。

对于作物潜在蒸发蒸腾量，本书采用 FAO 组织推荐的 Penman-Monteith 计算：

$$ET_0 = \frac{0.408\Delta R_n - G + \gamma \frac{900}{T+273} U_2 (e_s - e_a)}{\Delta + \gamma(1 + 0.34 U_2)} \tag{3.34}$$

式中：ET_0 为作物潜在蒸发蒸腾量，mm/d；R_n 为净辐射，MJ/(m^2 · d)；G 为土壤热通量，MJ/(m^2 · d)；γ 为湿度计常数，kPa/℃；T 为 2m 高处气温，℃；U_2 为 2m 高处风速，m/s；e_s 为饱和蒸汽压，kPa；e_a 为实际蒸气压，kPa；Δ 为蒸气压曲线斜率，kPa/℃。

其中，太阳净辐射计算如下：

$$R_n = \left(a_s + b_s \frac{n}{N}\right) R_a \tag{3.35}$$

$$R_a = \frac{24(60)}{\pi} G_{sc} d_r (\omega_s \sin\varphi \sin\delta + \cos\varphi \cos\delta \sin\omega_s) \tag{3.36}$$

$$d_r = 1 + 0.33\cos\left(\frac{2\pi}{365} J\right) \tag{3.37}$$

$$\delta = 0.409\sin\left(\frac{2\pi}{365} J - 1.39\right) \tag{3.38}$$

$$\omega_s = \cos^{-1}(-\tan\varphi \tan\delta) \tag{3.39}$$

$$N = \frac{24}{\pi} \omega_s \tag{3.40}$$

式中：R_n 为净辐射，MJ/(m^2 · d)；a_s、b_s 为回归常数，FAO 推荐值为 $a_s = 0.25$、$b_s = 0.5$；n 为日照时数，h；N 为最大天文日照时数，h；R_a 为地表总辐射，MJ/(m^2 · d)；G_{sc} 为太阳常数，为 0.0820 MJ/(m^2 · d)；d_r 为日地相对距离；ω_s 为日出日落时角，rad；φ 为测点纬度，rad；δ 为太阳赤纬，rad；J 为日序。

作为土壤水模块的重要组成部分，土壤蒸发包括定常蒸发阶段和蒸发率下降阶段。在定常蒸发阶段，土壤较湿润，土壤以潜在蒸发速率蒸发。这一阶段的蒸发量计算如下：

$$E_{s1} = ET_p = mR_s(A - B)(T_a + 29) \tag{3.41}$$

式中：ET_p 为潜在蒸发量；m 为温度系数；R_s 为地表总辐射；A、B 为常数，其中 $A =$

4.88×10^{-3}，$B = 4.37 \times 10^{-3}$；T_a 为日平均气温。

其中，温度系数 m 确定方法如下：

$$m = 0.01e^{1.08(T_{\min}+20)} \quad (T_{\max} < 5℃) \tag{3.42}$$

$$m = 1.11 \quad (5℃ < T_{\max} < 35℃) \tag{3.43}$$

$$m = 1.1 + 0.05T_{\min} \quad (T_{\max} > 35℃) \tag{3.44}$$

式中：$T_{\max}$、$T_{\min}$ 分别为日最高及平均气温。

一旦土壤水分含量降低到某一阈值，将进入蒸发率下降阶段，此时蒸发速率小于潜在蒸发速率。在降速蒸发阶段，土壤蒸发量在由参数 u 和 cona 表示，见图 3.6。u 表示完全受大气蒸发力控制影响阶段的累积蒸发量，cona 表示与时间 t 的平方根成正比的累积蒸发量。累计蒸发量与 u、cona 的数学关系为：

$$\sum E_s = E_{s1} \quad (t \leqslant t_1) \tag{3.45}$$

$$\sum E_s = Ut + \text{cona}\sqrt{t - t_1} \quad (t > t_1) \tag{3.46}$$

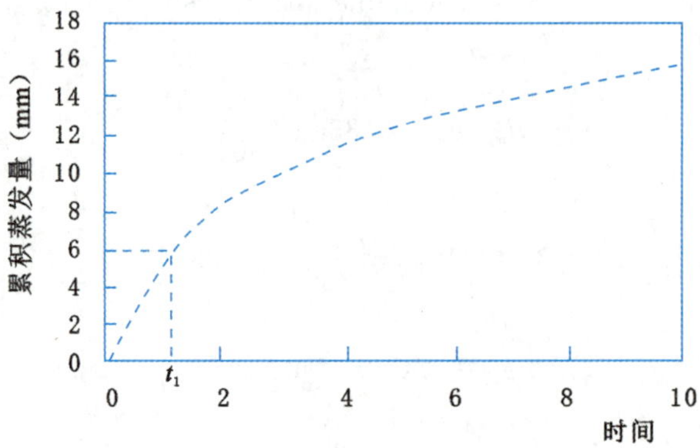

图 3.6 APSIM 模型蒸发示意图

(2)土壤 N 模块。

APSIM 模型土壤 N 模块也是建立在 CERES 模型基础之上，目的是反映土壤 C 和 N 动态变化情况。不同的是，APSIM 模型土壤 N 模块将土壤有机质分为活性 C、土壤微生物、活性有机质和土壤稳定有机质。土壤 N 的运移包括矿化、入库、硝化作用、脱氮作用以及 N 的淋溶，这些过程作用在一起，从而使土壤 N 达到平衡状态。

(3)地表留茬模块。

APSIM 模型地表留茬模块沿用了 PERFECT 模型中的计算方法，保留了耕作入土部分和地表覆盖关系的简明表达。不同的是，对于地表残差的分解机制以及碳氮平衡机制等进行了更加细致的描述。地表留茬的分解算法来源于 Dimes，但 APSIM 模块中地表残茬分解的速率不是由地表水分含量决定，而是由累积潜在蒸发量决定。

(4)作物模块。

APSIM 模型作物模块包括了目前常见的 30 多种作物类型，如玉米、小麦、水稻、大豆、油菜、花生、大麦、向日葵、鹰嘴豆等。作物模块逐日模拟作物的生长过程，根据作物生长发育的特点，将作物分为不同的阶段，如将小麦分为播种、萌芽、出苗、营养生长结束、始花、开花、灌浆起始、灌浆结束、成熟、收获、生长结束等 11 个阶段，对于玉米，在始花期和开花期之间有旗叶阶段。APSIM 模型中，除了出苗由种植深度与积温控制，其他物候期的全部由积温决定，但也会受到比如春化作用、光周期的影响。

3. 模型参数率定与验证方法

采用“试错法”对各个参数分别进行率定，“试错法”的原理是先固定其他参数，每次只对一个参数进行调试，选取模拟值与实测值之间的决定系数(R^2)、相对均方根误差(NRMSE)以及 Willmott 提出的一致性指标(D 指标)来决定最优参数组合。其中，R^2 与 D 指标反映的是模拟值偏离实测值的程度，NRMSE 反映的是模拟值与实测值的相对误差量。计算公式如下：

$$R^2=\frac{\sum_{i=1}^{n}(S_i-\bar{S})\times(O_i-\bar{O})}{\sum_{i=1}^{n}\sqrt{(S_i-\bar{S})^2}\times\sum_{i=1}^{n}\sqrt{(O_i-\bar{O})^2}} \tag{3.47}$$

$$D=1-\frac{\sum_{i=1}^{n}(S_i-O_i)^2}{\sum_{i=1}^{n}(|S_i-\bar{O}|+|O_i-\bar{O}|)^2} \tag{3.48}$$

$$\text{NRMSE}=\frac{\sqrt{\frac{\sum_{i=1}^{n}(O_i-S_i)^2}{N}}}{}\times 100\% \tag{3.49}$$

式中：R^2 为决定系数；S_i 为模型模拟产量；$\bar{S}$ 为模拟产量的平均值；O_i 为统计产量；$\bar{O}$ 为统计产量的平均值；n 为样本数；D 为一致性指标；NRMSE 为相对均方根误差。

在参数率定时，先率定生育期参数，再率定产量参数，生育期参数固定后，通过比对模型模拟的年终产量与实际产量之间的决定系数、相对均方根误差及 D 指标进行参数选择。选取决定系数、D 指标越接近 1，相对均方根误差越小的参数组合。一般认为，NRMSE＜10%，模拟效果很好；10%＜NRMSE＜20%，模拟效果较好；20%＜NRMSE＜30%，模拟效果一般；NRMSE＞30%，模拟效果较差。

3.1.3.2 辽宁省因旱粮食损失频率计算

1. APSIM 模型可靠性验证

本书拟利用作物生长模型 APSIM，模拟辽宁省玉米在不同气候条件下的生长状况，进而研究构建基于 APSIM 模型的农业因旱损失模型。由于 APSIM 模型由气象数据、土壤数据、作物品种数据和田间管理数据等 4 类数据驱动，本书通过国家气象数据共享网获取 14 个国家气象站的逐日气象数据，通过田间试验获取典型区域土壤水分相关数据，通过国家农气试验站获取农作物生育状况数据以及田间管理数据。本节将以辽宁省锦州市为例，通过生育期、生物量以及玉米单产等监测值与模拟值的对比，进行 APSIM 模型可靠性验证。

图 3.7 所示是 2010—2012 年锦州市生育期数据监测值与模拟值对比情况，其中，播种到开花期天数平均误差为 0.4 天，播种到成熟天数平均误差为 6.6 天。图 3.8 所示的是 2011 年锦州市生物量实测值与模拟值对比情况，仅生育期后期生物量模拟值与监测值存在 6.8%的相对误差，即 APSIM 模型能够较好地模拟玉米生物量累积过程。

进一步利用 1996—2005 年的锦州市统计产量数据，对 APSIM 模型进行参数率定。表 3.1 和图 3.9 所示是 1996—2005 年锦州市统计产量与模拟产量对比情况，相对均方根误差 NRMSE 为 13.1%，D 指标为 0.96，模拟值与实测值之间的决定系数 R^2 为 0.87。利用 2006—2013 年玉米统计单产数据，对参数率定后的模型模拟结果进行验证，除个别年份，相对误差在 20%以内，平均相对误差 18.2%，见表 3.2。

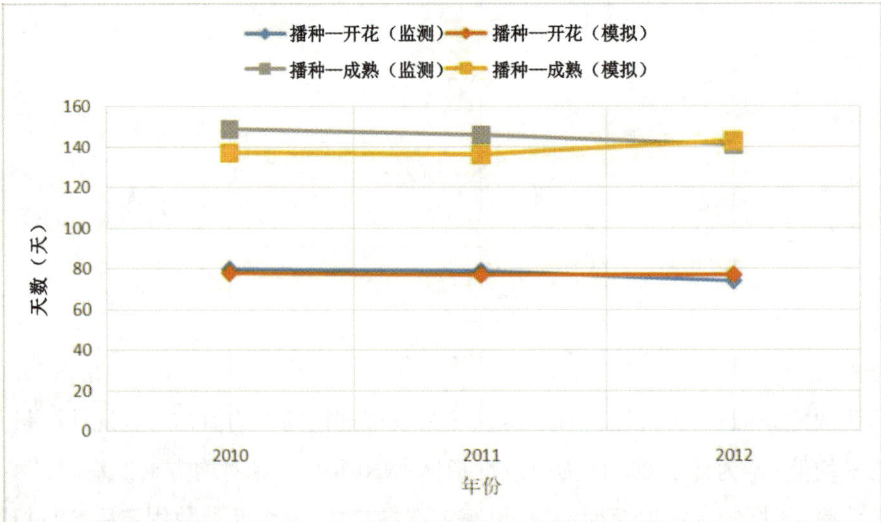

图 3.7 2010—2012 年锦州市生育期数据监测值与模拟值对比

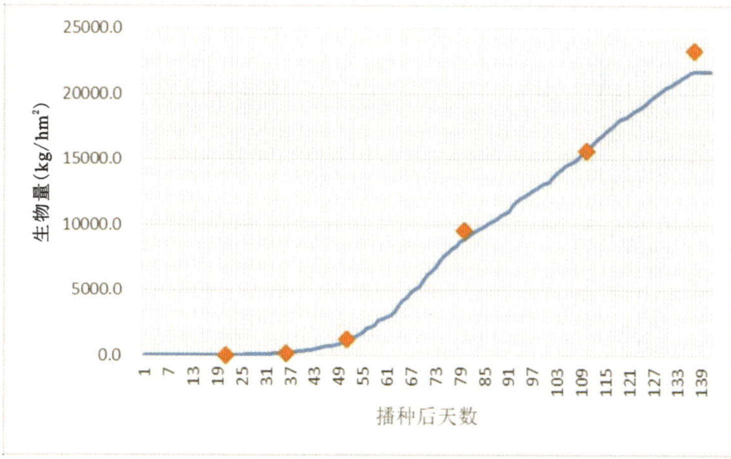

图 3.8　2011 年锦州市生物量监测值与模拟值对比

表 3.1　　1996—2005 年锦州市玉米统计产量与模拟产量对比

年份	玉米统计单产(kg/hm²)	玉米模拟单产(kg/hm²)	相对误差(%)
1996	6005.1	7016.8	16.8
1997	3955.2	3852.3	−2.6
1998	6739.3	5797	−13.9
1999	3895.6	3585.5	−7.9
2000	2039.5	1353.6	−33.6
2001	6855.6	8028.3	17.1
2002	7163.2	6767.5	−5.5
2003	6032.4	7020.2	16.3
2004	7426.8	7350.4	−1.0
2005	6128.0	5460.1	−10.9

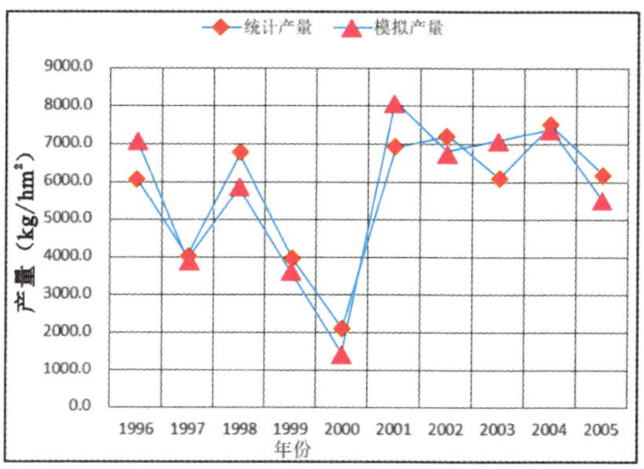

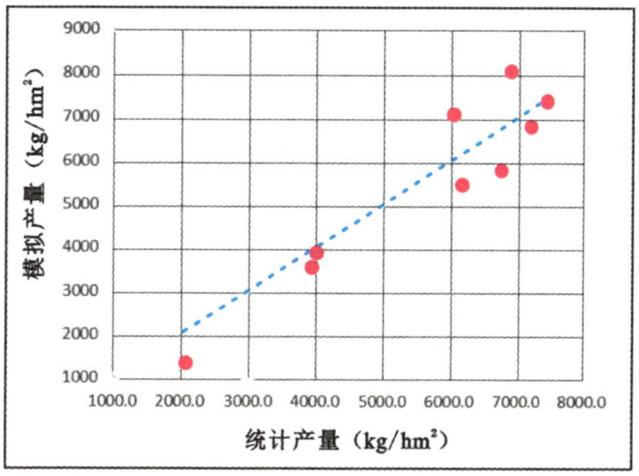

图 3.9　1996—2005 年锦州市统计产量与模拟产量对比

表 3.2 2006—2013 年锦州市玉米产量验证结果

年份	统计单产（kg/hm^2）	模拟单产（kg/hm^2）	相对误差（%）
2006	5102	6129.5	20.14
2007	5733	6717.9	17.18
2008	6315	7614.7	20.58
2009	5372	5160.5	−3.94
2010	5312	4219.8	−20.56
2011	7343	4921.6	−32.98
2012	7738	8635.9	11.60
2013	7147	5792.7	−18.95

采用以上参数率定及模型验证方法，对辽宁省 14 个地市逐一进行生育期、生物量以及玉米单产等监测值与模拟值的对比研究，参数评价结果见表 3.3。从评价结果可以看出，各地市模型评价结果 R^2 均大于 0.6，这表明模型在辽宁省总体适用性结果良好。

表 3.3 辽宁省各地市模型评价结果

地市	NRMSE(%)	R^2	地市	NRMSE(%)	R^2
沈阳	10.1	0.79	营口	10.2	0.62
大连	12.7	0.81	阜新	22.3	0.85
鞍山	8.1	0.89	辽阳	11.2	0.66
抚顺	15.3	0.74	盘锦	9.2	0.75
本溪	9.8	0.73	铁岭	14.4	0.69
丹东	8.7	0.80	朝阳	20.1	0.85
锦州	13.1	0.87	葫芦岛	23.4	0.70

2. 基于 APSIM 模型的辽宁省玉米因旱损失频率计算

运用 APSIM 作物模型，模拟辽宁省各地市 1961—2013 年玉米生长过程及产量，将历年最高产量作为潜在产量或是期望产量，用来计算玉米因旱损失量。由于模型模拟过程参数设置只考虑水分胁迫，而不考虑洪涝、龙卷风和病虫害等，因此，采用作物生长模型能够排除其他灾害的影响，通过模型模拟得到仅在干旱情况下的粮食产量，进而与当地最大粮食产量对比，计算粮食损失即是因旱粮食损失。

$$Y_{loss}=Y_m-Y_s \tag{3.50}$$

式中：Y_{loss}为玉米因旱损失量；Y_m 为潜在产量；Y_s 为模拟产量。

以锦州市为例，1961—2013 年锦州市玉米因旱损失量及频率计算见表 3.4。

表 3.4　　1961—2013 年锦州市玉米因旱损失量计算　　（单位：kg/hm²）

年份	玉米损失	年份	玉米损失	年份	玉米损失
1961	585	1979	683	1997	5393
1962	2760	1980	1673	1998	3263
1963	1913	1981	5730	1999	2490
1964	0	1982	7035	2000	7710
1965	1800	1983	1688	2001	1050
1966	3210	1984	3473	2002	2310
1967	1478	1985	330	2003	2055
1968	1395	1986	270	2004	1725
1969	3360	1987	660	2005	3615
1970	1575	1988	2730	2006	2948
1971	1688	1989	3555	2007	2363
1972	4890	1990	2070	2008	1463
1973	1013	1991	593	2009	3915
1974	5190	1992	3683	2010	4860
1975	1988	1993	968	2011	4155
1976	1365	1994	2670	2012	443
1977	1800	1995	1950	2013	3285
1978	990	1996	735		

用模型计算 1961—2013 年辽宁省各地市玉米逐年因旱损失序列数据，进行损失—频率分析，采用皮尔逊Ⅲ型曲线线形，拟合生成损失与概率的曲线。以锦州市为例，旱灾损失序列的损失—频率曲线见图 3.10。

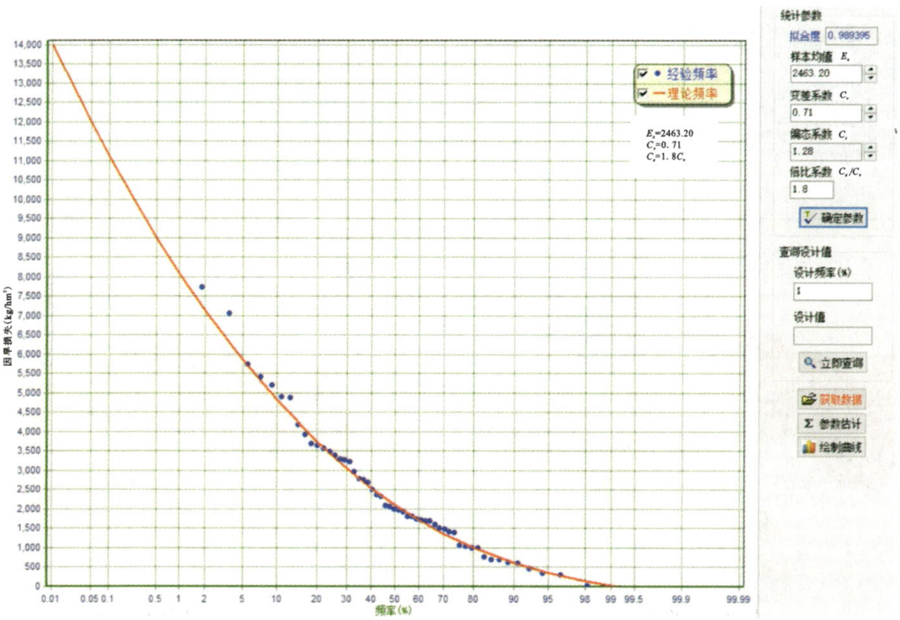

图 3.10　锦州市玉米因旱损失—频率曲线

3.1.3.3 辽宁省玉米因旱损失风险计算

根据各地市损失—频率曲线，反查不同重现期的玉米因旱损失，根据玉米因旱损失量划分旱灾风险等级。反查 4 个等级即 5 年、10 年、20 年、50 年、100 年、多年平均等 6 种干旱情况下的玉米旱灾损失，根据不同风险等级标准，划分各地市不同干旱情景下的玉米旱灾风险等级。玉米旱灾风险等级划分标准见表 3.5。根据等级划分的结果，在玉米旱灾风险值上，叠加地理信息，形成辽宁省不同干旱等级旱灾风险分布图。

辽宁省不同重现期因旱粮食损失分布见图 3.11。结果表明，辽宁省西部地区在 4 种致灾强度下都具有较高的旱灾风险，北部地区则表现出较低的旱灾风险，辽宁省中部地区在不同致灾强度下表现出不同的旱灾风险。丹东市、大连市、鞍山市在 5 年一遇致灾强度下旱灾风险较高，营口市在 50 年一遇的致灾水平下旱灾风险最高。旱灾风险的地区分布主要存在以下几方面原因。辽宁省降水地区分布差异较大，东部地区降水量较为充沛，而西部地区降雨较少，导致西部地区干旱频发。辽西地区干旱大多发生在春季，此时玉米需水量较大，水分胁迫较为严重，玉米苗期遭受水分胁迫极易对产量造成影响。从地形上看，辽西地区丘陵山地多，土壤贫瘠，水土流失和土壤沙化比较严重，自然条件较差，这也从另一方面致使农业旱灾风险较高。

表 3.5 **辽宁省地市玉米因旱损失风险等级划分标准** （单位：kg/hm^2）

干旱等级	风险等级			
	Ⅰ	Ⅱ	Ⅲ	Ⅳ
5 年一遇	$r>4875$	$4875\geqslant r>3375$	$3375\geqslant r>1875$	$r\leqslant1875$
10 年一遇	$r>5250$	$5250\geqslant r>3750$	$3750\geqslant r>1875$	$r\leqslant1875$
20 年一遇	$r>6000$	$6000\geqslant r>4500$	$4500\geqslant r>2250$	$r\leqslant2250$
50 年一遇	$r>7125$	$7125\geqslant r>5250$	$5250\geqslant r>2250$	$r\leqslant2250$
100 年一遇	$r>8250$	$8250\geqslant r>5625$	$5625\geqslant r>3000$	$r\leqslant3000$
多年平均	$r>3000$	$3000\geqslant r>2050$	$2050\geqslant r>1500$	$r\leqslant1500$

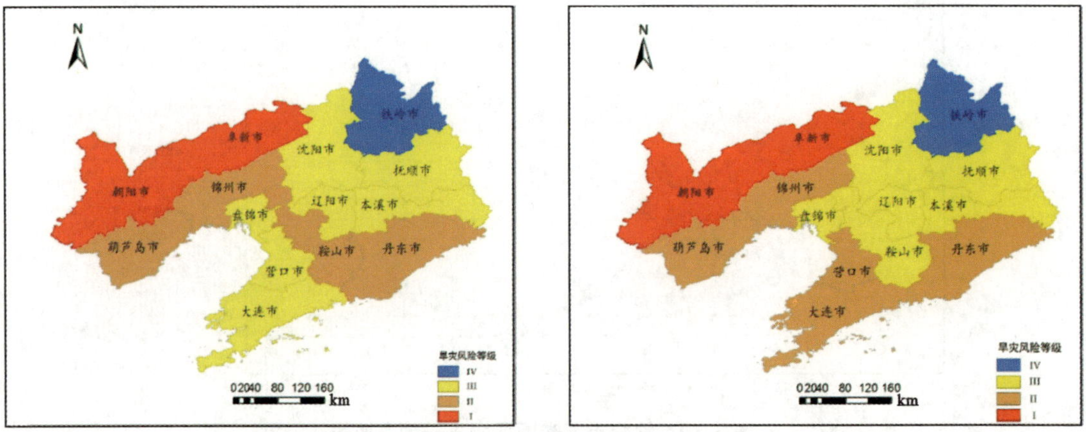

(a)5 年一遇 (b)10 年一遇

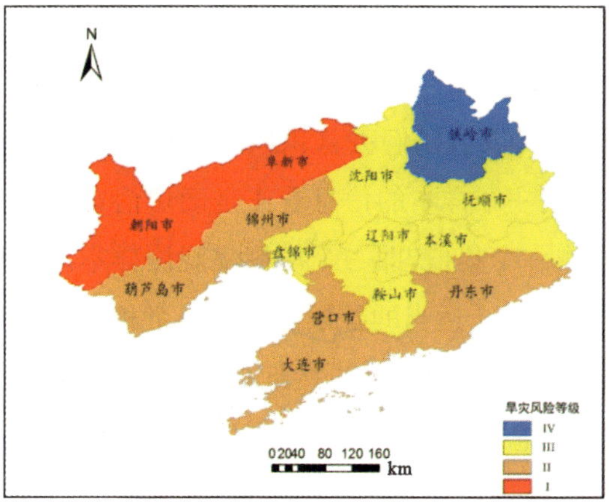

(c)20 年一遇

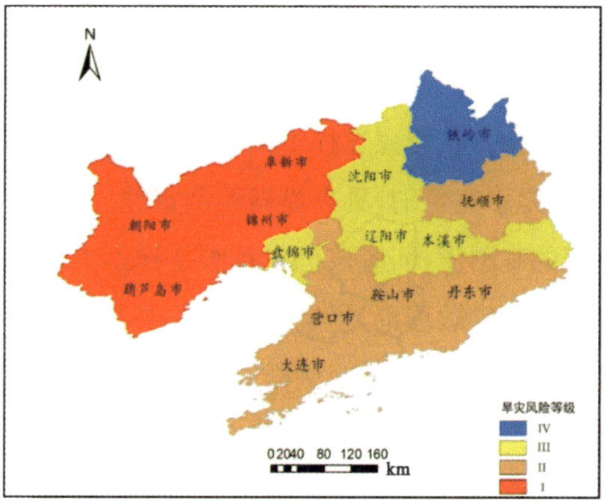

(d)50 年一遇

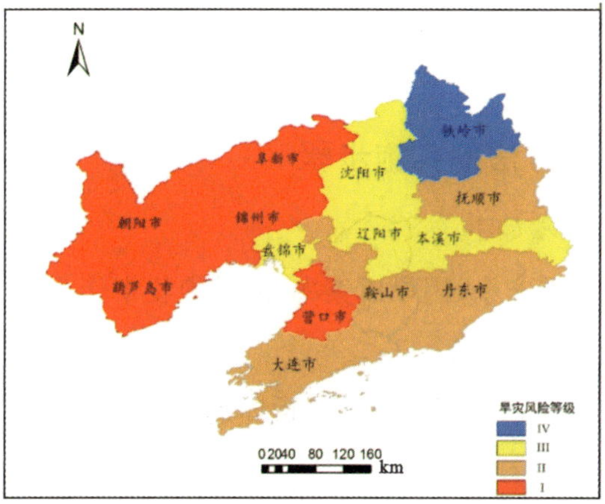

(e)100 年一遇

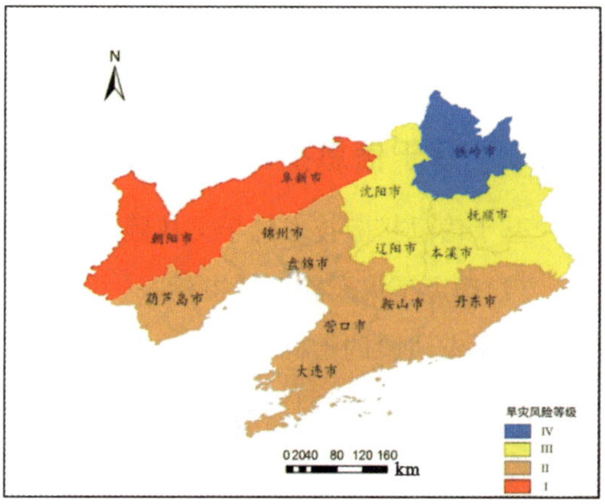

(f)多年平均

图 3.11　辽宁省因旱粮食损失风险分布

3.2　基于信息扩散技术的旱灾风险评估方法

3.2.1　信息扩散技术及原理

传统上，用灾害样本进行风险评估主要有两种方法：参数估计法和直方图法。对于参数估计法来说，需要 30 个以上样本才能得到比较令人满意的风险评估结果。但在实际研究过程中，特别是在研究基础相对薄弱的旱灾方面，长序列数据的搜集是相当困难的，其样本数多为小样本。当样本不多且系统过于复杂时，要假设合乎情理的概率分布函数并非易事，且难以合理地将概率分布限制在灾害指数的有效论域[0,1]之内。对于直方图法来说，估计过于粗糙，且常强烈地不稳定，样本少时尤其如此。近年来，随着数理计算方法的不断发展，可对小样本事件进行准确分析的信息扩散技术已用于旱灾风险评估中，取得了一些具有较好完备性和较强确定性的成果。本章将信息扩散技术用于旱灾风险评估，并以黑龙江省为例进行农业旱灾风险分析和评估。

信息扩散技术是一种处理不完备信息的模糊方法，主要由信息分配方法和信息扩散理论支持。在研究过程中，当样本不多时，所有的样本提供给我们去认识风险的信息并不完善，是不完备的，具有模糊不确定性。此时，不应该把一个样本的信息看作是确切信息或确切的观测值，而应该把它看作是样本点的代表，看作一个集值，即一个模糊集观测样本。根据信息扩散理论，当且仅当该样本不完备时，一定存在一个适当的扩散函数和一个相应的算法，可以将传统的观测样本点集值化，使得扩散估计比非扩散估计更接近真实估计，以部分资料弥补资料不足的缺陷，达到提高精度的目的。信息扩散技术能有效利用不完备信息中的模糊信息，既可提高概率分布估计的精度，又可较合理地构建参数间的关系，明显提高风险分析的可靠性。本质上，信息扩散技术是一种模糊统计技术，但由于其解决了从普通样本转变为模糊样本的问题，从而超越了传统模糊集技术依赖专家选定隶属函数的随意性，确保了分析结果的客观性。

3.2.2 基于信息扩散技术的旱灾风险评估方法的实施步骤

基于信息扩散技术的旱灾风险评估方法主要步骤如下：

(1)确定旱灾风险评估指标。一般常选取因旱受灾率、因旱成灾率、因旱绝收率作为评估农业旱灾风险的指标。

(2)构建样本系列。假设 X 为由某区域过去 n 年内灾害风险评估指标实际观测值组成的样本集合：

$$X=\{x_1,x_2,\cdots,x_i,\cdots,x_n\} \tag{3.51}$$

式中：x_i 为观测样本点；n 为样本观测总数。

(3)确定信息扩散模型参数。

设 U 为 X 内对每个实际观测值样本进行信息扩散的范围集合，即指标论域：

$$U=\{u_1,u_2,\cdots,u_j,\cdots,u_m\} \tag{3.52}$$

式中：u_j 为指标论域的控制点，对于归一化样本，u_j 为[0,1]区间内以固定间隔离散得到的任意离散实数值；m 为离散点总数。

在样本集合 X 中，任意观测样本点 x_i 可由下式将其所携带的信息扩散给论域 U 中的所有点：

$$f_i(u_j)=\frac{1}{h\sqrt{2\pi}}\exp\left[-\frac{(x_i-u_j)^2}{2h^2}\right] \tag{3.53}$$

式中：h 为扩散系数，可根据样本中的最大值、最小值以及样本点个数来确定。具体解析表达式如下：

$$h=\begin{cases}0.8146\times(b-a) & n=5\\ 0.5690\times(b-a) & n=6\\ 0.4560\times(b-a) & n=7\\ 0.3860\times(b-a) & n=8\\ 0.3362\times(b-a) & n=9\\ 0.2986\times(b-a) & n=10\\ 2.6851\times(b-a)/(m-1) & n\geqslant 11\end{cases} \tag{3.54}$$

式中：a 为样本集合 X 中的最小值；b 为样本集合 X 中的最大值；n 为样本观测总数。

(4)计算旱灾风险值。

$$C_i=\sum_{j=1}^{m} f_i(u_j) \tag{3.55}$$

则任意样本点的归一化信息分布可记为：

$$\mu_{xi}(u_j)=\frac{f_i(u_j)}{C_i} \tag{3.56}$$

假设

$$q(u_j)=\sum_{i=1}^{n} \mu_{xi}(u_j) \tag{3.57}$$

$$Q=\sum_{j=1}^{m} q(u_j) \tag{3.58}$$

则由式(3.57)和式(3.58)的比值得到式(3.59)：

$$p(u_j)=\frac{q(u_j)}{Q} \tag{3.59}$$

式中：$p(u_j)$ 为样本点落在 u_j 处的频率值，即不同程度旱灾发生的概率。

$$P(u\geqslant u_j)=\sum_{k=1}^{m} p(u_k) \tag{3.60}$$

式中：$P(u\geqslant u_j)$ 为超越 u_j 的概率值，即不同程度旱灾的风险值。

3.2.3　基于信息扩散技术的黑龙江省旱灾风险评估

3.2.3.1　旱灾风险评估指标

选取因旱受灾率、因旱成灾率、因旱绝收率作为评估黑龙江省农业旱灾风险的指标。因旱受灾率、因旱成灾率、因旱绝收率分别为因旱受灾面积、因旱成灾面积和因旱绝收面积占农作物播种面积的比值。指数值越大，表明旱灾影响越大，农作物因旱减产量越高。具体计算公式如下：

$$I_1=\frac{S_1}{S} \tag{3.61}$$

式中：I_1 为因旱受灾率，%；S_1 为因旱受灾面积，指在受旱面积中作物产量比正常年产量减产一成以上的面积，khm^2；S 为作物播种面积，khm^2。

$$I_2 = \frac{S_2}{S} \tag{3.62}$$

式中：I_2 为因旱成灾率，%；S_2 为因旱成灾面积，指在受旱面积中作物产量比正常年产量减产三成（含三成）以上的面积，khm^2。

$$I_3 = \frac{S_3}{S} \tag{3.63}$$

式中：I_3 为因旱绝收率，%；S_3 为因旱绝收面积，指在受旱面积中作物产量比正常年产量减产八成（含八成）以上的面积，khm^2。

3.2.3.2 模型参数

本书以黑龙江省 2001—2011 年的资料作为样本数据，数据来源于《新中国农业 60 年统计资料》和《中国水旱灾害公报》（2006—2011），见表 3.6。样本观测总数 $n=11$，采用 $h=2.6851\times(b-a)/(m-1)$ 计算得到信息扩散系数，有关参数见表 3.7。考虑计算精度的要求，取指标论域为 $U=\{0,0.01,0.02,\cdots,0.99,1\}$。

表 3.6 2001—2011 年黑龙江省作物播种面积及干旱情况统计

年份	作物播种面积 S (khm^2)	因旱受灾面积 S_1 (khm^2)	因旱成灾面积 S_2 (khm^2)	因旱受灾面积 S_3 (khm^2)	因旱受灾率 I_1 (%)	因旱成灾率 I_2 (%)	因旱绝收率 I_3 (%)
2001	9989.2	3750.0	2120.0	951.0	37.54	21.22	9.52
2002	9858.4	1209.3	660.0	71.3	12.27	6.69	0.72
2003	9802.7	4544.0	2636.0	666.0	46.35	26.89	6.79
2004	9888.4	2955.3	696.0	130.0	29.89	7.04	1.31
2005	10083.7	438.0	162.2	15.8	4.34	1.61	0.16
2006	11678.3	1648.6	1153.9	40.3	14.12	9.88	0.35
2007	11898.5	6500.0	3133.0	555.0	54.63	26.33	4.66
2008	12088.4	1597.0	930.0	53.0	13.21	7.69	0.44
2009	12129.2	4871.7	1907.0	271.7	40.17	15.72	2.24
2010	12156.2	1011.6	776.0	36.1	8.32	6.38	0.30
2011	12222.9	703.4	291.4	30.0	5.75	2.38	0.25

表 3.7 信息扩散计算有关参数

旱灾风险指标	样本最小值 a	样本最大值 b	扩散系数 h
因旱受灾率 I_1	4.34%	54.63%	0.1350
因旱成灾率 I_2	1.61%	26.89%	0.0679
因旱绝收率 I_3	0.16%	9.52%	0.0251

3.2.3.3　结果分析

基于以上数据，按照公式进行计算，可以得到黑龙江省分别对应因旱受灾率(I_1)、因旱成灾率(I_2)和因旱绝收率(I_3)三种指标的概率密度和超越概率密度情况。

通过概率密度可以得知黑龙江省不同程度旱灾发生的可能性大小。图3.12所示是三种指标对应的概率密度曲线，横轴是受灾率、成灾率或绝收率，纵轴是概率值。从图上三条曲线横轴的范围可以看出，黑龙江省因旱受灾面积一般不超过总播种面积的80%，成灾面积一般不超过50%，而绝收面积至多占20%。由三条曲线的峰值可以看出，因旱受灾率在10%左右的几率是最大的，即黑龙江省发生10%的播种面积因旱受灾的可能性最大；类似地，因旱成灾率在6%左右的几率最大。由于因旱绝收率的数值通常很小，而本书中论域U的最小步长是0.01，因此，通过图上得到绝收率在1%左右(对应论域的最小步长)的几率最大并不十分严谨。尽管如此，依然可以说明黑龙江省发生旱灾导致绝收的可能性很小，通常只占总播种面积的1%左右。

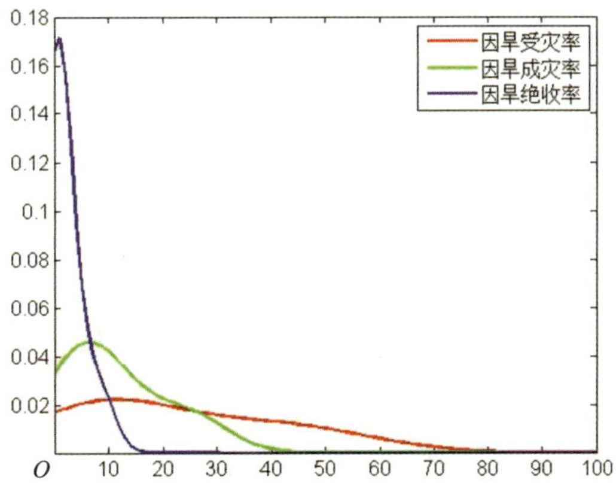

图3.12　黑龙江省农业旱灾指标的概率密度曲线

通过超越概率密度可以得知黑龙江省农业旱灾风险的高低。表3.8所示是三种指标的农业旱灾风险评估值，图3.13是超越概率密度曲线。由表3.8和图3.13可知，三种指标的风险均随着旱灾严重程度(u_j)的增加而减小。当因旱受灾率≥10%时，风险估计值为0.8023，即黑龙江省平均每1.2年就要发生一次受灾面积超过10%的旱灾。当因旱受灾率≥25%时，风险估计值为0.4918，即黑龙江省平均每2年就要发生一次受灾面积超过25%的旱灾。当因旱受灾率≥45%时，风险估计值为0.1995，即黑龙江省平均每5年就要发生一次受灾面积超过45%的旱灾。当因旱受灾率≥55%时，风险估计值为0.0968，即黑龙江省平均每10.3年就要发生一次受灾面积超过55%的旱灾；当因旱受灾率≥70%时，风险估计值为0.0185，即黑龙江省平均每54年就要发生一次受灾面积超过70%的旱灾。当因旱成灾率≥10%时，风险估计值为0.5806，即黑龙江省平均每1.7年就要发生一次成灾面积超过10%的旱灾。当因旱成灾率≥25%时，风险估计值为0.1544，即黑龙江省平均每6.5年就要发生一次成灾面积超过25%的旱灾。当因旱成灾率≥30%时，风险估计值为0.0734，即黑龙江省平均每13.6年就要发生一次成灾面积超过30%的旱灾。当因旱成灾率≥35%时，风险估计值为0.0248，即黑龙江省平均每40.2年就要发生一次成灾面积超过35%的旱灾。当因旱绝收率≥5%时，风险估计值为0.2858，即黑龙江省平均每3.5年就要发生一次绝收面积超过5%的旱灾。

表3.8　　黑龙江省农业旱灾风险评估值

u_j (%)	农业旱灾风险值 $P(u \geqslant u_j)$		
	因旱受灾率 I_1	因旱成灾率 I_2	因旱绝收率 I_3
0	1.0000	1.0000	1.0000
5	0.9082	0.8058	0.2858
10	0.8023	0.5806	0.0612
15	0.6921	0.3932	0.0022
20	0.5868	0.2587	0.0000
25	0.4918	0.1544	0.0000
30	0.4075	0.0734	0.0000
35	0.3319	0.0248	0.0000
40	0.2627	0.0056	0.0000
45	0.1995	0.0008	0.0000
50	0.1436	0.0001	0.0000
55	0.0968	0.0000	0.0000
60	0.0607	0.0000	0.0000
65	0.0351	0.0000	0.0000
70	0.0185	0.0000	0.0000
75	0.0089	0.0000	0.0000
80	0.0038	0.0000	0.0000
85	0.0015	0.0000	0.0000
90	0.0005	0.0000	0.0000
100	0.0001	0.0000	0.0000

此外，通过上述概率密度曲线和超越概率密度曲线可以看出，因旱受灾率、因旱成灾率和因旱绝收率的曲线峰值（图3.13）依次左移，相应的超越概率曲线（图3.13）也依次左移，即因旱受灾可能性要大于因旱成灾可能性，也要大于因旱绝收可能性，这与实际情况相符。同时，也证明了通过三种指标进行旱灾风险评估时需要分别制定不同的划分标准，并且受灾率、成灾率和绝收率相对应的阈值应该逐次递减。

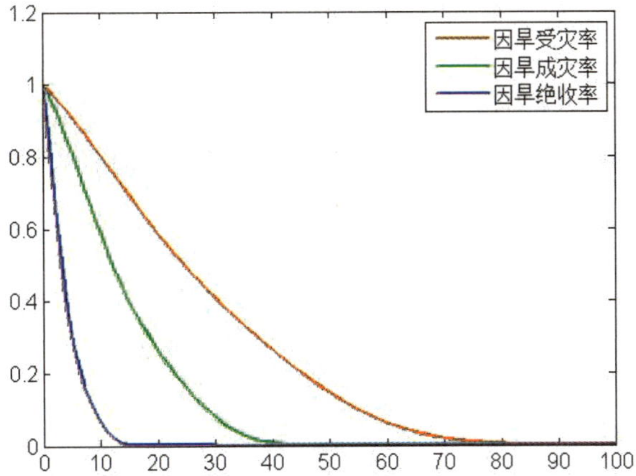

图3.13　黑龙江省农业旱灾指标的超越概率密度曲线

第4章　基于干旱事件过程的旱灾风险评估方法及实证研究

4.1　基于干旱事件过程的旱灾风险定量评估原理

旱灾风险是指干旱事件发生的可能性及可能产生的不利影响的综合度量。从旱灾风险的定义和物理形成过程出发，旱灾风险可表达为：

$$R=f[P(w),C(w,\mathrm{RE})] \tag{4.1}$$

式中：R 为旱灾风险；P 为干旱发生的可能性，表征的是致灾因子危险性的大小，可用干旱频率或重现期来表达；w 为因干旱导致的水分亏缺量；C 为某一抗旱能力条件下可能的不利影响；RE 为抗旱能力，即人类主动减轻干旱事件影响的能力。

在提出旱灾风险概念表达式的基础上，进一步论述基于干旱事件过程的旱灾风险评估原理，见图 4.1。本书已将干旱定义为“某地理范围内因降水在一定时期持续少于正常状态，导致河流、湖泊水量和土壤或者地下水含水层中水分亏缺的自然现象”，即水循环中任一过程的水分亏缺都可能造成干旱，干旱的本质即因旱导致的水分亏缺。对于某一固定地理范围来说，干旱的严重程度及潜在影响，不仅跟因旱导致的水分亏缺强度有关，还与持续的时间长短有关，即与因旱导致的水分亏缺量直接相关。因此，对于某一次干旱事件来说，因旱导致的水分亏缺量是确定的，对应于某一干旱频率或重现期，可以建立“干旱频率—因旱导致的水分亏缺量”之间的定量关系，见图 4.1(a)；与此同时，在一定抗旱能力条件下，一定程度的因旱导致的水分亏缺量，对应于某一潜在损失，可以建立“因旱导致的水分亏缺量—某一抗旱能力条件下的潜在损失”之间的定量关系，见图 4.1(b)；进而，利用体现干旱本质特征的因旱水分亏缺，可以建立“干旱频率—某一抗旱能力条件下的潜在损失”之间的定量关系，即旱灾风险，见图 4.1(c)。

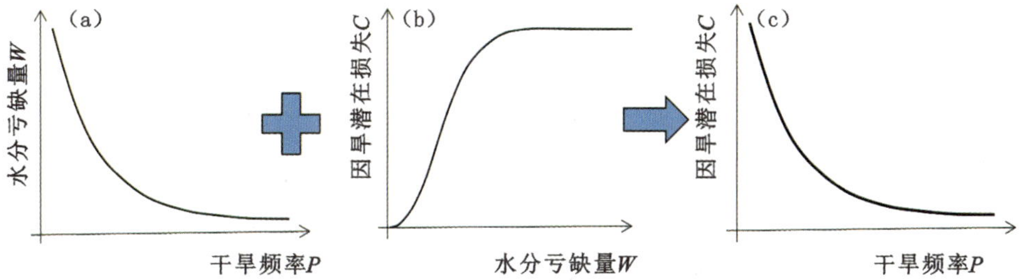

图4.1　基于干旱事件过程的旱灾风险评估原理

4.2　基于干旱事件过程的旱灾风险定量评估方法

在阐明基于干旱事件过程的旱灾风险定量评估原理的基础上，进一步提出基于干旱事件过程的旱灾风险评估方法的基本思路：在收集气象水文要素的基础上，确定干旱识别指标，进行干旱事件识别，并计算所有干旱事件对应的干旱频率或重现期；采用机理模型或统计模型，确定一定抗旱能力作用下所识别的每一个干旱事件可能造成的旱灾损失；基于所有干旱事件，建立一定抗旱能力下干旱频率与因旱潜在损失之间的定量关系，以此描述旱灾风险。该方法建立在"在一定抗旱能力条件下，一定规模的干旱会产生一定规模的旱灾损失"这一相对确定规律之上。评估流程见图4.2，关键步骤如下：

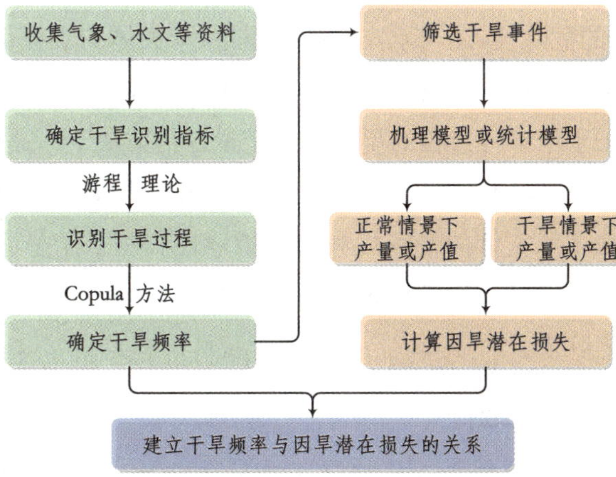

图4.2　基于干旱事件过程的旱灾风险评估流程

(1)干旱频率计算。干旱频率分析，即确定致灾因子的危险性，在进行干旱成因分析的基础上，选择合适的干旱评估指标进行干旱事件过程识别，提取历时、烈度等干旱特征变量，并通过概率来描述，确定干旱事件的发生频次。与洪水频率分析问题相比较，干旱事件因具有年内、年际连旱或非旱现象的特点，所以无法采用洪水年极值频率分析方法进行干旱的频率计算。目前，采用游程理论进行干旱历时与干旱强度的识别，并采用Copula多维联合分布理论进行干旱频率分析的方法已经得到了广泛的应用和验证。

(2)因旱损失计算。通过灾损评估技术,确定农村(农业、牧业、渔业等)、城市(工业、服务业等)、生态环境(土地资源、生物资源等)等不同承灾体受致灾因子影响及损失的程度。20世纪60年代起,随着对作物生理生态机理认识的不断加深和计算机技术的迅猛发展,作物生长动态模拟模型的研究得到了飞速发展,如联合国世界粮农组织推出的AquaCrop模型,美国的EPIC模型、DSSAT模型、DNDC模型,荷兰的Wageningen模型,澳大利亚的APSIM模型和中国的CCSODS模型等,目前都已经得到广泛应用。这些模型能够定量和动态地描述作物生长、发育和产量形成的过程及对环境变化的反应,为农业灾损评估奠定了基础。但是,工业、服务业灾损评估模型的研发尚处于初级阶段。

(3)建立一定抗旱能力下干旱频率与潜在损失的定量关系。基于大量的统计规律,假设干旱频率与旱灾损失率之间满足对数函数关系,如下式:

$$C = -a\ln P + b \tag{4.2}$$

式中:P 为干旱频率;C 为潜在因旱损失率;a,b 为待定系数,$a>0$,$b\geqslant 0$。

4.3 基于干旱事件过程的旱灾风险表征体系

目前,全国各地都在积极推动旱灾风险管理,而清楚地掌握旱灾风险及其分布,并通过图谱形式来直观反映风险是关键性、基础性工作之一。一些部门及研究者用降水等气象干旱指标,来简单替代或反映旱灾风险,并依此制订风险图。根据区域灾害系统理论,旱灾风险不仅取决于致灾因子的危险性,还与承灾体的暴露性、承灾体的灾损敏感性和抗旱减灾能力密切相关,故降水偏少或气象干旱仅反映了致灾因子危险性,并不是真正意义上的旱灾风险图。本书提出的"基于干旱事件过程的旱灾风险定量评估方法"中,是用"一定抗旱能力下某一干旱频率可能引起的可能因旱损失"来表达风险,其中干旱频率反映了致灾因子的危险性,可能的因旱损失反映了承灾体的暴露性和灾损敏感性。基于干旱事件过程的旱灾风险图体系主要包括以下4类:①旱灾风险机理关系图;②干旱频率空间分布图;③旱灾损失空间分布图;④旱灾风险矩阵表。

4.3.1 旱灾风险机理关系图

旱灾风险机理关系图,可以是一定抗旱能力下的干旱频率—潜在因旱损失曲线图,见图4.3(a),也可以是不同抗旱能力下干旱频率—潜在因旱损失—抗旱能力曲线图,见图4.3(b)。其中,干旱频率—潜在因旱损失—抗旱能力曲线图,是以曲线族的形式直观反映干旱严重程度、旱灾影响及抗旱减灾能力三者间的定量关系。当有足够多的历史资料数据时,可以假设在同一年代(时期)的抗旱能力相同,根据该年代(时期)的历史资料分析得到一条干旱频率与潜在因旱损失的关系曲线;进而采用不同年代(时期)的资料分析,可获得一组在不同抗旱能力下的干旱频率与潜在因旱损失的关系曲线。

在抗旱减灾管理实践中,旱灾风险机理关系图的主要可用于以下几个方面:

(1)可用以预估因旱潜在损失。当某地区发生严重干旱时，首先利用干旱频率分析方法确定干旱频率，通过查旱灾风险机理关系曲线图的方法，能够快速地预估此次干旱事件可能造成的损失，从而为抗旱主管部门作出科学响应提供决策依据。

(2)可用于确定合理的抗旱能力区间。在干旱频率—损失曲线分析的基础上，结合损失曲线和抗旱能力的经济投入分析，可以得到适宜抗旱能力区间，即旱灾风险可调控区间，见图4.4。抗旱能力与效益关系分析，目的是建立抗旱“效益—成本比”和抗旱能力的关系，寻求某一干旱程度下该区域最为经济的抗旱能力。在不同抗旱能力的干旱频率—潜在因旱损失关系曲线图中，依次找出不同干旱频率或重现期下“效益—成本比”最佳的抗旱能力，进而构成适宜抗旱能力区间，亦即旱灾风险调控区间。如果地区具有的抗旱能力位于适宜抗旱能力区间之内，则表明该地区抗旱能力适宜；如果位于适宜区间之上，则表明该地区抗旱能力不足，需要加大抗旱投入，进一步提升抗旱能力；如果位于适宜区间之下，则说明该地区尽管具有抵御较大干旱的能力，但抗旱成本较高。

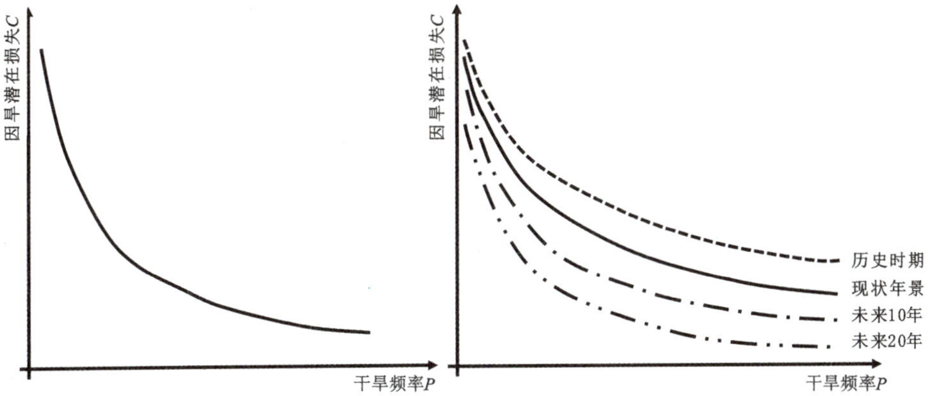

(a)一定抗旱能力干旱频率—旱灾损失曲线　(b) 不同抗旱能力下干旱频率—旱灾损失—抗旱能力曲线

图4.3　旱灾风险机理关系图

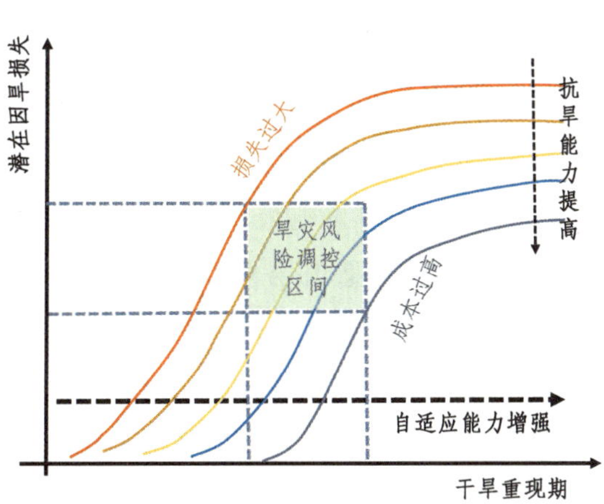

图4.4　适宜抗旱能力区间示意图

4.3.2 干旱频率空间分布图

干旱频率空间分布图主要包括两类:①一定抗旱能力条件下,给定损失率对应的干旱频率(或重现期)空间分布图。②最大重现期的空间分布图。对于某一较大的区域而言,掌握该区域最大重现期的空间分布,可为严重干旱期间的资源、资金分配等提供依据。

4.3.3 因旱损失空间分布图

旱灾损失空间分布图主要包括两类:①一定抗旱能力条件下,给定干旱频率或重现期对应的因旱损失空间分布图。可用于于宏观比较区域间的易损情况,如确定区域内损失高风险区、中度风险区及低风险区等。②历史最大旱灾损失空间分布图。根据此图,可初步判断历史上当地曾出现的最严重灾情,从而有助于帮助当地确定科学、合理的防旱标准,还有助于当地提前制定极端干旱备灾战略。

4.3.4 旱灾风险矩阵表

通过旱灾风险机理关系图中的一系列曲线,可以查询一定干旱频率下不同抗旱能力下的旱灾损失,也可以查询一定旱灾损失在不同抗旱能力下的频率,进而可以建立旱灾风险的矩阵查询表,以方便在生产实践和工程设计中使用。表 4.1 是旱灾风险矩阵查询表示例。

表 4.1　旱灾风险矩阵查询表

不同抗旱能力条件下	因旱损失率(%)					
	5 年一遇	10 年一遇	20 年一遇	30 年一遇	50 年一遇	100 年一遇
历史时期	18.9	25.6	35.9	44.2	58.2	75.6
现状条件	15.8	22.1	30.9	40.6	52.9	65.2
未来 10 年	11.9	19.8	26.4	34.9	40.6	50.1
未来 20 年	9.8	15.2	20.3	25.8	33.7	40.8

4.4 基于干旱事件过程的旱灾风险定量评估实证研究

本书以地处东北粮食主产区的辽宁省为例,进行基于干旱事件过程的旱灾风险定量评估实证研究。考虑到农业是辽宁省受干旱影响最严重的行业,同时考虑农业因旱灾损可借助作物生长模型进行定量模拟,而有关工业、服务业等的因旱损失统计模型或机理模型均缺乏研究,故本书拟开展基于干旱事件过程的农业旱灾风险定量评估。拟采用基于 Copula 函数的多维频率分析方法进行干旱频率计算,采用作物生长模型 APSIM 模拟主要粮食作物玉米的粮食产量,并计算因旱粮食损失,从而建立干旱频率与潜在因旱粮食损失之间的定量关系,以表达农业旱灾风险。

4.4.1　干旱频率分析

4.4.1.1　基于 Copula 多维联合分布的干旱频率计算方法

基于 Copula 多维联合分布的干旱频率计算流程见图 4.5，主要包括确定干旱评估指标、识别干旱事件、提取干旱特征变量、分析单个干旱特征变量频率、分析干旱特征变量联合频率以及计算干旱重现期。

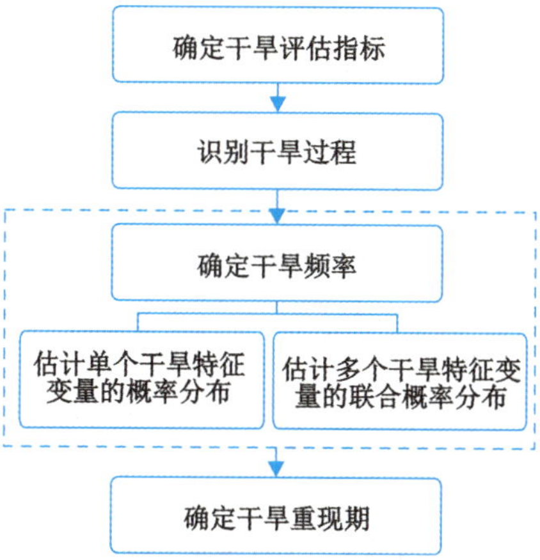

图 4.5　基于 Copula 多维联合分布的干旱频率计算流程

1. 干旱评估指标确定

通过分析研究区域干旱的成因和主要影响因素，选取反映各类干旱的指标变量，主要包括单因素指标、简单多因素综合指数和综合干旱指数 3 类。其中，单因素指标主要由单个水文气象要素构成，如降水距平、径流距平、标准化降水指数等；简单多因素综合指数考虑了两个或更多的水文气象要素，如帕尔默干旱指数、相对湿润度指数等；综合干旱指数是由多种干旱指数综合而成，如综合气象干旱指数。

2. 干旱事件识别

干旱事件识别，是指在选取合适的干旱指标基础上，通过确定合适的时间尺度（多采用旬或月作为计算时段）和阈值水平，进而确定干旱事件的样本序列及特征变量序列的过程。本书采用游程分析理论进行干旱事件识别。

为了得到有效的干旱事件样本序列，在干旱事件识别过程中需要对以下两个方面进行处理：①小干旱的处理。即通过设定小干旱剔除阈值剔除一些历时较短的小干旱事件，避免过多的小干旱事件对识别过程统计分析造成干扰和影响。②干旱的合并。即通过设定相邻干旱合并阈值，对被间隔的多个干旱过程进行合并处理，组成一个完整的干旱过程。因此，在干旱事件识别过程中，需要确定 3 个阈值，即干旱发生阈值 R_1、小干旱剔除阈值 R_2 和相邻干旱合并阈值 R_0，且满足 $R_0 \leqslant R_1 \leqslant R_2$ 的关系（指数值越小越干旱的情况）。以图 4.6 为例说明干旱事件识别的过程。首先，依据干旱发生阈值 R_1，可初步判断这段时间内共发生

a,b,c,d,e 共 5 个干旱过程。之后,依据小干旱剔除阈值 R_2,将历时只有 1 个单位时段且干旱指标值大于 R_2 的小干旱事件剔除掉(如 b),而对于历时只有 1 个单位但干旱指标值小于 R_2 的事件视为一次干旱过程(如 c)。最后,依据相邻干旱合并阈值 R_0 进行干旱事件合并。当两次相邻干旱过程(如 c 和 d,d 和 e)间隔期为 1 个单位时段时,如果间隔期的干旱指标值大于 R_0,则将这两次干旱视为独立的两次干旱过程(如 d、e),相反,如果小于 R_0,则将被间断的两次干旱合并成一次干旱过程(如 c、d)。

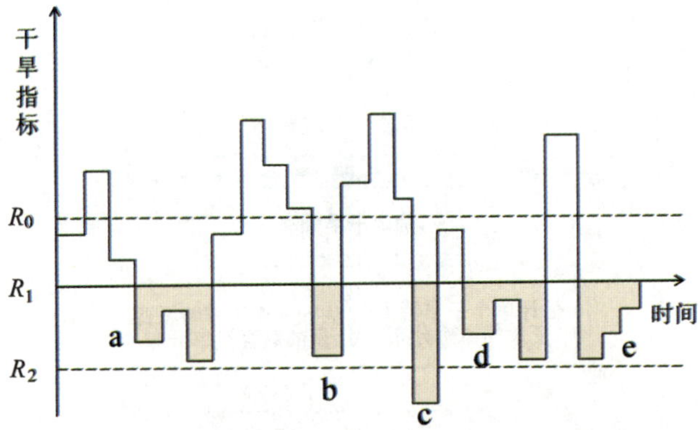

图 4.6 干旱过程识别

3. 干旱特征变量提取

在获得干旱事件样本序列的基础上,需进一步确定能够定量描述和客观反映任一场次干旱事件发生发展特点的特征变量序列。所谓干旱特征变量,即某一场次干旱事件区别于其他场次干旱事件的表征变量,可分别用干旱历时、烈度和范围来表征。干旱历时是指某一场次干旱事件过程的持续时间,用于定量描述干旱事件的时间特征。干旱烈度是指某一场次干旱事件的累积水分亏缺程度,体现为阈值指标与干旱指标之差的累积和,用于定量描述干旱事件的严重程度。干旱范围是指一次干旱事件影响范围,用于定量描述干旱事件的空间特征。

4. 单个干旱特征变量频率分析

在水文频率分析中,常用指数分布、Gamma 分布、对数正态分布、广义逻辑分布、广义极值分布、皮尔逊Ⅲ型分布等描述一组随机变量样本概率分布。有关研究表明,指数分布能够较好地描述干旱历时的概率分布,而 Gamma 分布则可以用来描述干旱强度的概率分布。概率分布函数如下:

$$F_D(d)=P(D\geqslant d)=\mathrm{e}^{-d/\lambda} \tag{4.3}$$

$$F_s(s)=P(S\geqslant s)=\int_s^{+\infty}\frac{\beta^\alpha}{\Gamma(\alpha)}(s-a_0)^{\alpha-1}\mathrm{e}^{-\beta(s-a_0)}\,\mathrm{d}s \tag{4.4}$$

干旱特征变量样本数据存在序列相对较短、抽样误差较大等问题,当直接根据干旱特征变量样本数据，采用矩法或极大似然法来确定干旱历时和强度概率分布参数时，往往出现不符合实际的情况。而研究实践表明，目估适线法是确定概率分布参数的有效方法，一方面对结果的合理性考虑较充分，另一方面还可以依据经验点和分布曲线的拟合程度进行参数优选。

5. 干旱特征变量联合频率分析

与洪水频率分析相比较，干旱事件因具有年内、年际间连旱或非旱现象的特点，所以无法采用洪水年极值频率分析方法进行干旱频率计算。如上文所述，干旱特征变量主要包括干旱历时、强度和范围，但在以往干旱频率研究或应用中，常用某单个干旱特征变量频率来代表干旱事件频率。然而，实际中干旱历时、强度和范围有很多的组合，仅从干旱某一个特征变量进行频率分析难以反映干旱的真实情况，因此构建联合分布函数进行多变量联合的干旱频率分析是非常有必要的。

近年来，国内外学者将Copula连结函数引入水文频率分析中，极大地丰富了多变量水文频率分析方法。Copula连结函数最大的优势在于它可以将服从任何分布的两个或多个变量连接起来。目前，常见的Copula连结函数有椭圆Copula函数、Archimedean Copula函数和Plackett Copula函数。其中，Archimedean Copula函数为单参数函数，具有结构严密、形式简单的优势，应用较为广泛。Gumbel-Hougaard、Clayton和Frank Copula又是最常用的3个Archimedean Copula函数。令$u=F_D(d)$，$v=F_S(s)$，则这3个Archimedean Copula函数可分别表示为：

$$F_{D,S}(d,s)=C(U\geqslant u,V\geqslant v)=u+v+\exp\{-[(-\ln(1-u))^{\theta}+(-\ln(1-v))^{\theta}]^{1/\theta}\}-1 \tag{4.5}$$

$$F_{D,S}(d,s)=C(U\geqslant u,V\geqslant v)=u+v+[(1-u)^{-1/\theta}+(1-v)^{-1/\theta}-1]-1 \tag{4.6}$$

$$F_{D,S}(d,s)=C(U\geqslant u,V\geqslant v)=u+v+\left\{-\frac{1}{\theta}\ln\left[1+\frac{(e^{-\theta(1-u)}-1)(e^{-\theta(1-v)}-1)}{e^{-\theta}-1}\right]\right\}-1 \tag{4.7}$$

式中：θ为参数，目前采用较多的参数估计方法有极大似然法、相关性指标法、边际推断(IFM)估计法等。

其中，采用相关性指标法估计参数θ应用较简单，主要是通过确定参数θ与Kendall秩相关系数τ之间的关系来间接估计。秩相关系数τ为：

$$\tau=(C_n^2)^{-1}\sum_{i<j}\text{sgn}[(d_i-d_j)(s_i-s_j)] \qquad (i,j=1,2,\cdots,n) \tag{4.8}$$

式中：(d_i,s_i)为干旱历时与强度的联合观测值；n为干旱次数；$\text{sgn}(x)$为符号函数，当$x>0$时，$\text{sgn}(x)=1$，当$x<0$时，$\text{sgn}(x)=-1$，当$x=0$时，$\text{sgn}(x)=0$。

在进行多变量联合频率分析中，往往需要考虑随机变量的尾部相关性，也就是一个变量的取值可能受到另一个变量取较大值或者较小值时的影响程度。尾部相关性包括上尾相关性和下尾相关性，分别定义为：

$$\lim_{u\to0+}P(S>F_S^{-1}(u)\mid D>F_D^{-1}(u))=\lim_{u\to0+}\frac{P(S>F_S^{-1},D>F_D^{-1}(u))}{P(D>F_D^{-1}(u))}=\lim_{u\to0+}\frac{C(u,u)}{u} \tag{4.9}$$

$$\begin{aligned}\lim_{u\to1-}P(S<F_S^{-1}(u)\mid D>F_D^{-1}(u)&=\lim_{u\to1-}\frac{P(S<F_S^{-1}(u),D<F_D^{-1}(u))}{P(D<F_D^{-1}(u))}\\&=\lim_{u\to1-}\frac{1-2u+C(u,u)}{1-u}\end{aligned} \tag{4.10}$$

经推导，得 GH Copula 的上尾相关系数为 $2-1/\theta$，下尾相关系数为 0；Clayton Copula 的上尾相关系数为 0，下尾相关系数为 $2-1/\theta$；Frank Copula 的上尾相关系数和下尾相关系数均为 0。在干旱频率分析中，应重点考虑长干旱历时和高干旱烈度间的上尾相关性，故宜用 GH Copula。

6. 干旱重现期计算

当干旱历时 $D\geqslant d$ 、干旱烈度 $S\geqslant s$ 时，该干旱事件的重现期为：

$$\begin{aligned}T_{DS}=T(D\geqslant d,S\geqslant s)&=\frac{E(L)}{P(D>d,S>s)}\\&=\frac{E(L)}{1-F_D(d)-F_S(s)+F_{D,S}(d,s)}\end{aligned} \tag{4.11}$$

式中：$E(L)$ 为干旱历时与非干旱历时的平均值之和；$F_D(d)$ 为干旱历时的概率；$F_S(s)$ 为干旱烈度的概率；$F_{D,S}(d,s)$ 为干旱历时与干旱烈度的联合概率。

4.4.1.2 辽宁省干旱频率计算结果

1. 干旱评估指标确定

本书区域为辽宁省，研究对象为玉米，主要为雨养农业区，降水量的多寡是影响农业干旱的主要因素。为此，宜选用气象干旱类指标来反映干旱频率。气象干旱指标研发较为成熟，指标众多，大体可分为三类：第一类为单因素指标，即直接以降水量或降水的统计量作为评估指标，如降水量距平百分率 Pa、降水量分位数、标准化降水指数 SPI、降雨 Z 指数等；第二类是双因素指标，即依据降水和蒸发建立的指标，如标准化降雨蒸散指数 SPEI、综合气象干旱指数 CI 等；第三类是多因素指标，如帕尔默干旱指数 PDSI 等。为了能够选择较好反映辽宁省干旱的指标，本书从上述三类指标中选择降雨距平百分率 Pa、标准化降雨指数 SPI、降雨 Z 指数、标准化降雨蒸散指数 SPEI、帕尔默干旱指数 PDSI 等 5 种典型气象干旱指标，开展干旱指标的季节适用性研究。

表 4.2 简要列出了各备选指标的基本原理、等级划分标准及优缺点。Pa 指数是表征某时段降水量较常年同期值的偏离百分比，是计算简单、广泛应用的干旱指标之一。SPI 指数是假设降水分布服从 Γ 分布，在将其正态标准化后，实测降水量相对降水概率分布函数的标

准偏差即为 SPI 指数。Z 指数与 SPI 指数十分相似，也是根据正态标准化后的降水分布进行干旱指标的定义，所不同的是 Z 指数是假设降水服从皮尔逊Ⅲ型分布。SPEI 指数是在 SPI 指数的基础上引入气温，考虑蒸散对干旱的作用。PDSI 指数是根据水分亏缺量及其持续时间的原理，应用水量平衡方法，考虑前期天气条件对后期的影响的干旱指标其中蒸散发的计算采用 FAO Penman-Monteith 方法。需要说明的是，SPI 指数、SPEI 指数和 Pa 指数等通常存在 1 月、3 月或 6 月等不同时间尺度的指标，本书中这三个指标均以 3 个月尺度的指数进行干旱评估。

表 4.2　　备选干旱指标的基本原理、等级划分及优缺点

干旱指标	基本原理和方法	等级划分	优缺点
Pa	某时段降水量与同期多年平均降水量之差，占同期多年平均降水量的百分比	无旱 Pa＞−40 有旱 Pa≤−40	优点：计算简单 缺点：只考虑降水量未考虑蒸发与下垫面条件，将降水作为正态分布考虑
Z	采用 Person Ⅲ的分布概率来处理偏态的降雨资料，用标准化降雨累计频率来划分干旱等级	无旱 Z＞−0.5 有旱 Z≤−0.5	优点：可以有效反映水分亏缺或盈余量的大小 缺点：无法考虑下垫面与人类活动影响
SPI	假定降水量符合某种概率分布函数，经标准化变换，计算的指数这正值表示比正常偏多，负值表示比正常偏少	无旱 SPI＞−0.5 有旱 SPI≤−0.5	优点：可以量化不同时间尺度来反映不同降水短缺程度对不同类型水资源的影响 缺点：假定所有地点旱涝灾害发生频率相同
SPEI	采用标准化潜在蒸散与降水的差值，表征干湿状况偏离常年的程度	无旱 SPEI＞−0.5 有旱 SPEI≤−0.5	优点：综合考虑了蒸散、土壤水分平衡，且能够量化标准 缺点：蒸散和水量平衡的计算过程简单
PDSI	根据土壤水分平衡原理，考虑前期天气条件对后期的影响	无旱 PDSI＞−1 有旱 PDSI≤−1	优点：综合考虑了蒸散量、土壤水分供给、径流及地表土壤水分损失 缺点：无法考虑蓄水、降雪和其他供水活动以及人类活动对水平衡的影响

表 4.3 所示是辽宁省各地市各备选干旱指标识别结果。由表可见，辽宁省春旱、夏旱发生频次明显高于秋旱。对于各地市来说，3 个月尺度的 SPI 指数、Pa 以及 Z 指数的干旱识别结果相对更好，各地市适宜干旱指标见图 4.7。进一步分析各指标季节干旱识别误差情况，可见 3 个月尺度的 SPI 指数的季节干旱识别最小，均在 5%以内，见图 4.8。为此，本书将 3 个月尺度的 SPI 指数作为辽宁省干旱事件识别指标，并据此进行干旱频率计算。

表 4.3　　辽宁省各地市备选干旱指标识别结果对比

备选指标		Pa	Z	SPI	SPEI	PDSI
阜新	春旱	15/16	16/16	16/16	11/16	11/16
	夏旱	16/21	19/21	20/21	16/21	18/21
	秋旱	3/4	3/4	4/4	4/4	4/4
铁岭	春旱	13/16	16/16	14/16	11/16	10/16
	夏旱	9/14	10/14	13/14	9/14	9/14
	秋旱	—	—	—	—	—
朝阳	春旱	22/23	23/23	20/23	16/23	15/23
	夏旱	15/21	14/21	19/21	16/21	14/21
	秋旱	6/9	5/9	8/9	7/9	7/9
锦州	春旱	18/20	20/20	19/20	15/20	15/20
	夏旱	21/25	21/25	25/25	20/25	19/25
	秋旱	2/2	2/2	2/2	2/2	2/2
沈阳	春旱	8/9	9/9	9/9	8/9	7/9
	夏旱	5/6	6/6	6/6	5/6	4/6
	秋旱	—	—	—	—	—
本溪	春旱	4/6	6/6	6/6	5/6	3/6
	夏旱	11/12	8/12	12/12	10/12	11/12
	秋旱	2/2	1/2	2/2	2/2	2/2
抚顺	春旱	7/7	7/7	7/7	5/7	4/7
	夏旱	10/11	7/11	11/11	10/11	9/11
	秋旱	2/2	1/2	2/2	2/2	1/2
葫芦岛	春旱	10/11	11/11	11/11	11/11	6/11
	夏旱	12/14	12/14	14/14	14/14	14/14
	秋旱	1/1	0/1	1/1	1/1	1/1
营口	春旱	12/12	12/12	12/12	9/12	11/12
	夏旱	13/17	12/17	16/17	12/17	14/17
	秋旱	3/3	2/3	3/3	3/3	3/3
鞍山	春旱	11/11	11/11	10/11	8/11	8/11
	夏旱	13/15	12/15	15/15	12/15	13/15
	秋旱	3/3	2/3	3/3	2/3	3/3
丹东	春旱	6/7	7/7	7/7	5/7	4/7
	夏旱	14/18	14/18	18/18	15/18	11/18
	秋旱	4/4	3/4	4/4	4/4	4/4
大连	春旱	14/15	15/15	15/15	14/15	13/15
	夏旱	15/17	17/17	17/17	16/17	15/17
	秋旱	1/2	1/2	2/2	1/2	1/2

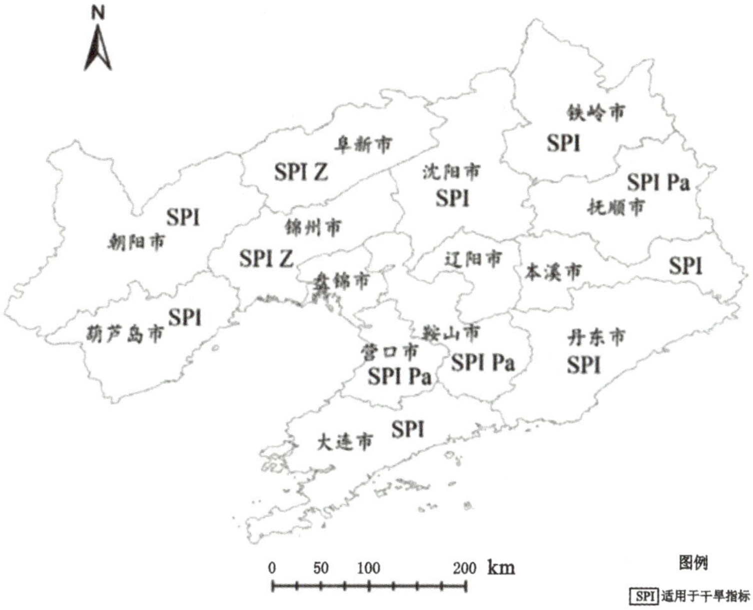

图 4.7　辽宁省干旱指标确定结果

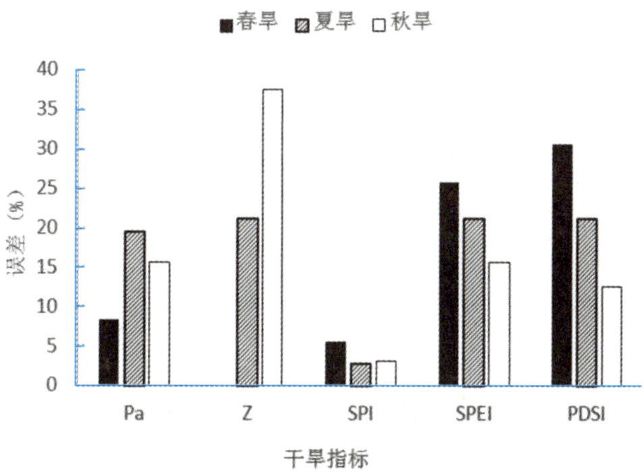

图 4.8　辽宁省干旱指标季节干旱识别误差

2. 干旱频率计算

本书采用基于 Copula 多维联合分布的干旱频率计算方法，对辽宁省 14 个地市的干旱频率进行了分析计算。确定选择 3 个月尺度的 SPI 指标作为辽宁省干旱评估指标，进行干旱频率分析计算。在干旱事件识别过程中，参考《气象干旱等级》(GB/T 20481—2017)确定干旱识别阈值 R_1、相邻干旱事件合并阈值 R_0、小干旱事件剔除阈值 R_2，即 $R_1=-0.5$、$R_0=0$、$R_2=-1.0$。进而，分别采用指数分布和 Gamma 分布对单个特征变量干旱历时 D 和干旱烈度 S 进行拟合，采用 Gumbel-Hougaard Copula 联合分布函数进行干旱联合概率计算。

表 4.4 所示是基于 3 个月尺度 SPI 指标的辽宁省各地市干旱特征变量系列统计结果。由表可见，1961—2013 年，基于 3 个月尺度 SPI 指标识别的辽宁省各地市的干旱事件数没有明显差异，大约在 50 次，与根据《中国历史干旱》《中国水旱灾害》以及抗旱统计报表等统计的季节干旱次数相近。各地市平均干旱历时为 2.86～3.44 月，平均干旱烈度为 1.97～2.72，总之，朝阳、阜新、锦州、葫芦岛等地平均干旱历时相对较长、平均干旱烈度相对较大，本溪、抚顺、丹东等地平均干旱历时相对较短、平均干旱烈度相对较小。

表 4.4　基于 3 个月尺度 SPI 指标的辽宁省各地市干旱特征变量系列统计结果

地市	干旱事件数	平均干旱历时（月）	平均干旱烈度	最大干旱历时（月）	最大干旱烈度
阜新	50	3.44	2.34	10	7.74
朝阳	52	3.37	2.72	11	8.11
锦州	56	3.11	2.46	16	10.19
葫芦岛	52	3.27	2.36	11	11.51
铁岭	51	3.16	2.33	10	9.33
辽阳	45	3.08	2.30	14	9.65
沈阳	52	3.24	2.21	10	11.42
盘锦	50	3.32	2.28	10	8.76
营口	48	3.22	2.19	11	7.83
鞍山	57	3.14	2.24	8	8.04
本溪	55	3.02	2.09	13	9.24
抚顺	49	3.16	2.09	11	10.74
丹东	52	2.86	1.97	13	10.50
大连	49	3.26	2.29	10	7.26

图 4.9 所示是单个特征变量及干旱联合概率拟合情况。由单特征变量拟合结果来看，对于辽宁省 14 个地市，指数分布均能够较好地描述干旱历时 D，Gamma 分布均能够较好地描述干旱烈度 S 概率分布，且能够与长干旱历时、大干旱烈度的干旱事件的经验频率点较好地拟合。由联合概率分布曲线来看，干旱历时、干旱烈度的联合概率分布与经验频率分布较为一致，长干旱历时和高干旱烈度间的上尾相关性较好，且各地市干旱历时、干旱烈度的 Kendall 秩相关系数均在 0.5 以上，换言之，Gumbel-Hougaard Copula 联合分布函数能够用于计算干旱联合概率。

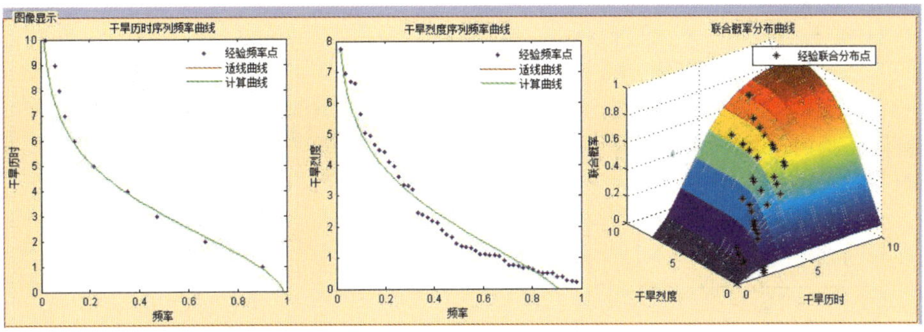

(a)阜新市

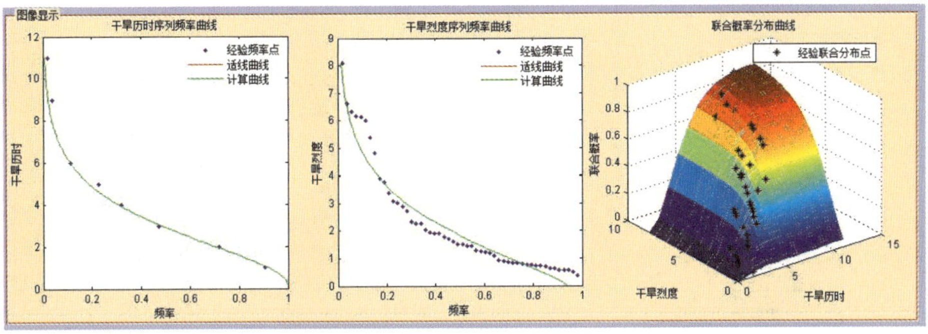

(b)朝阳市

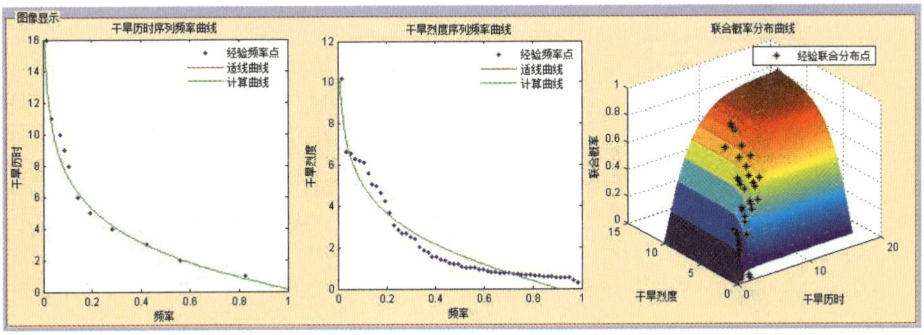

(c)锦州市

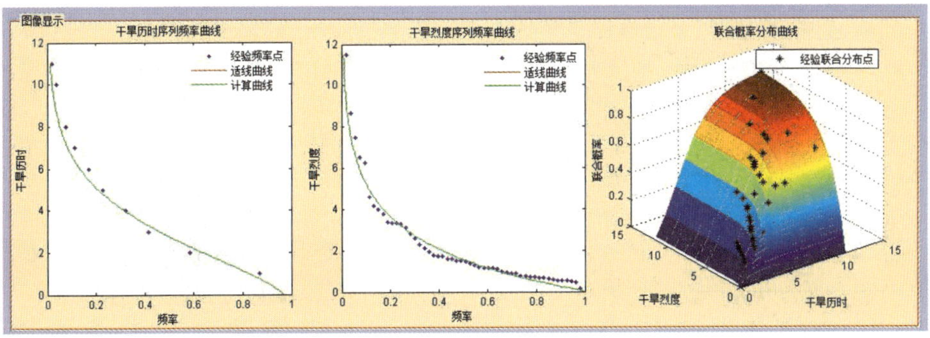

(d)葫芦岛市

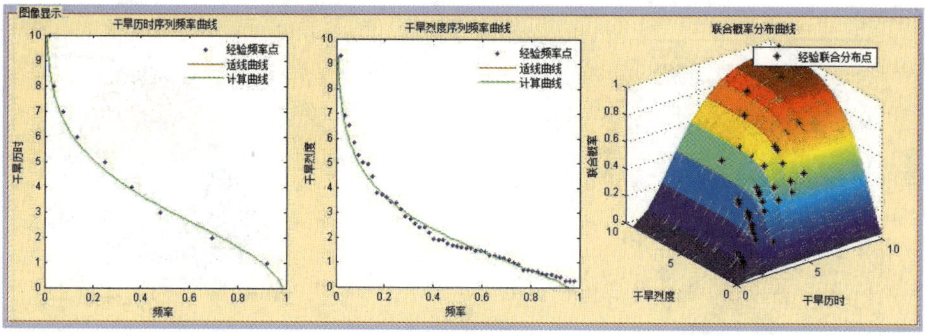

(e)铁岭市

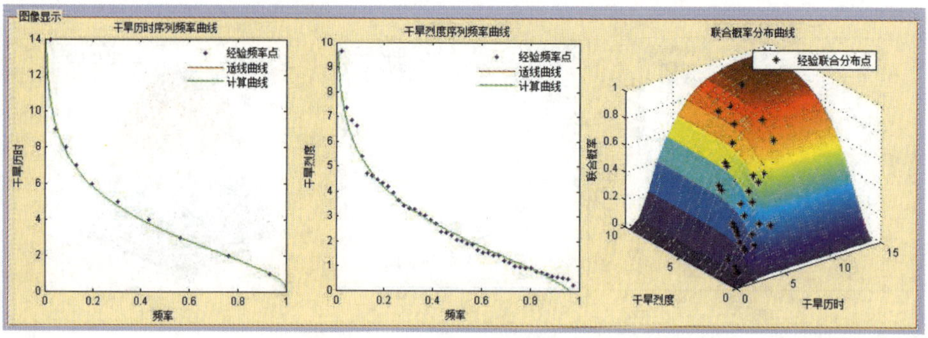

(f)辽阳市

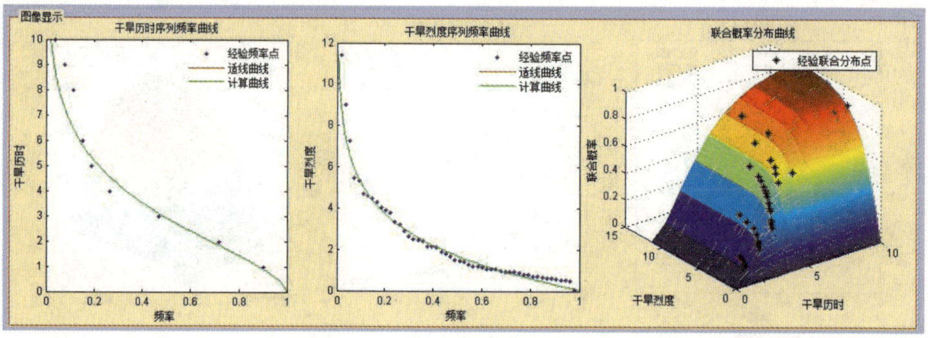

(g)沈阳市

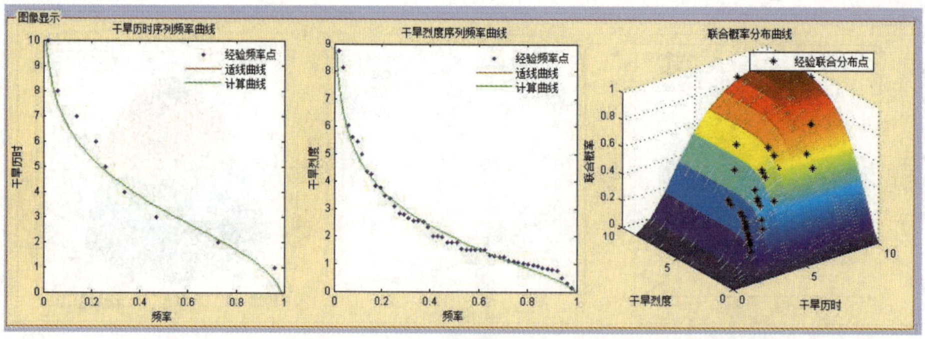

(h)盘锦市

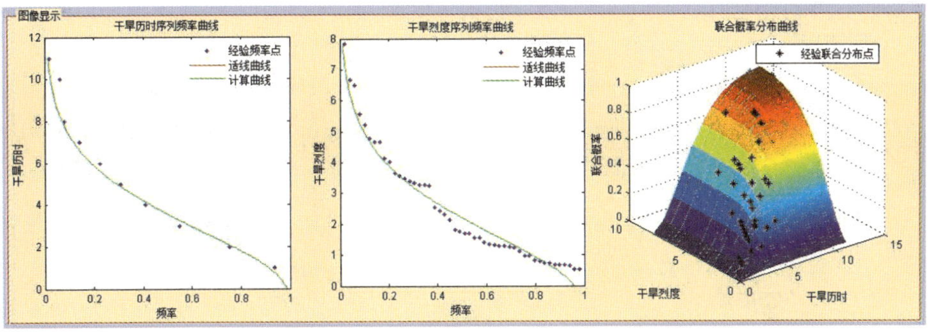

(i)营口市

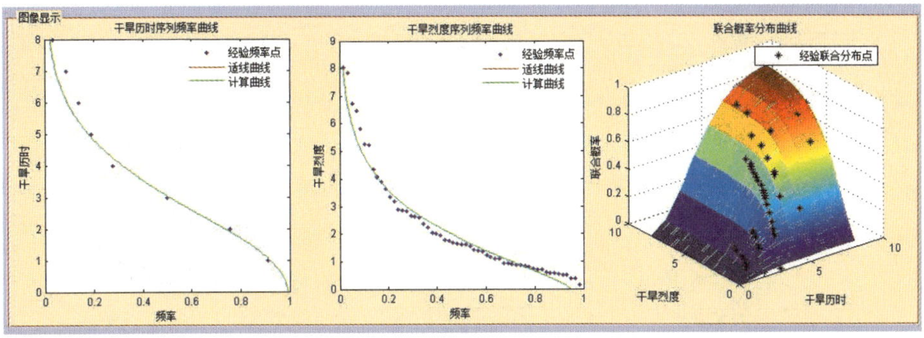

(j)鞍山市

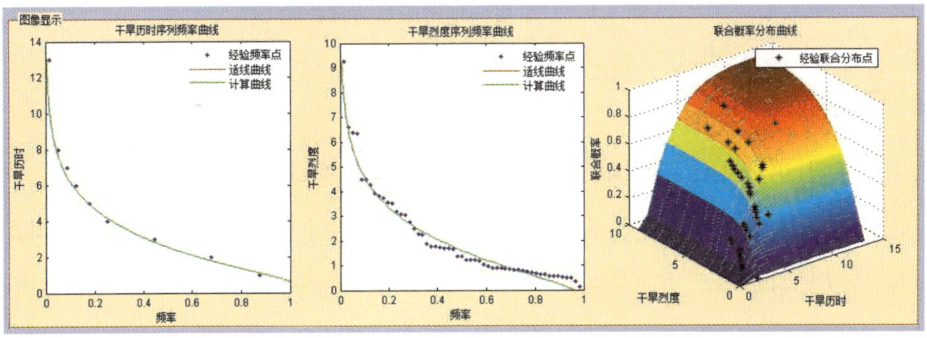

(k)本溪市

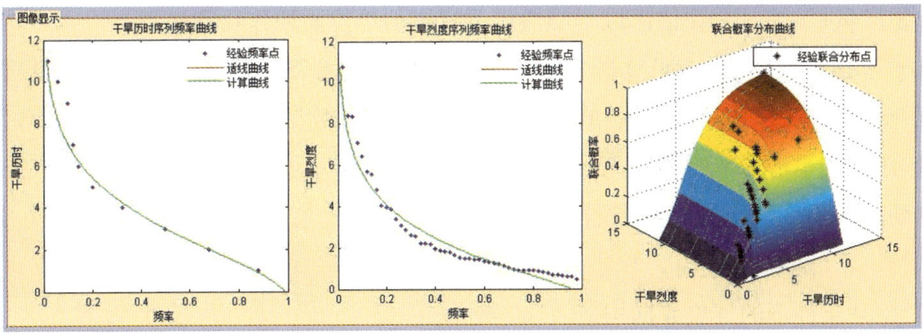

(l)抚顺市

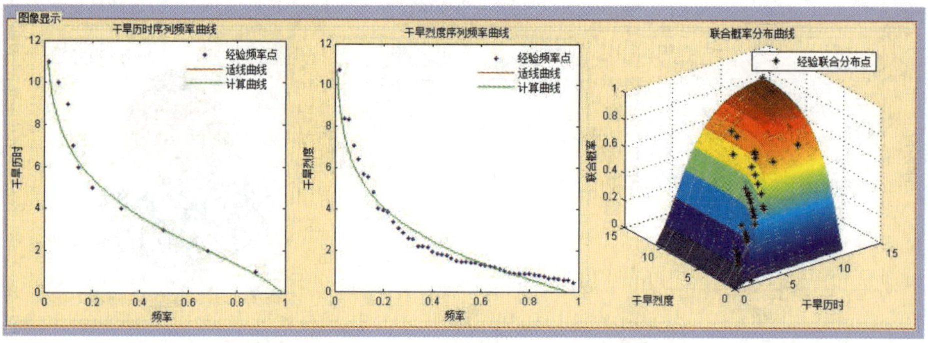

(m)大连市

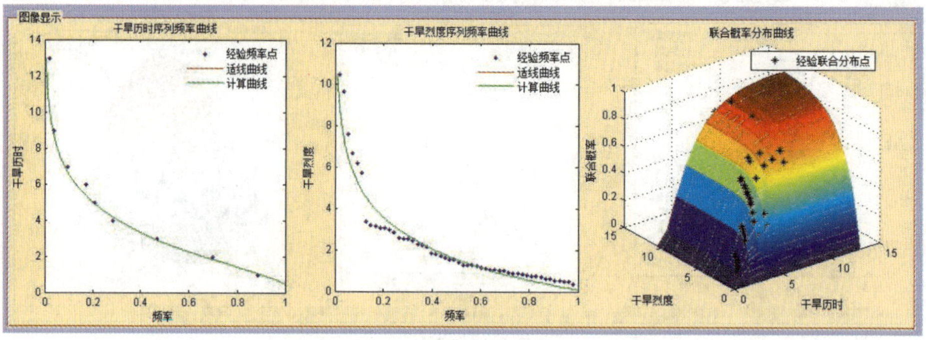

(n)丹东市

图 4.9 辽宁省各地市干旱频率曲线

4.4.2 因旱损失计算

4.4.2.1 基于APSIM模型的农业因旱损失模型构建

本书中，将农业因旱损失定义为作物在正常气候条件下的产量与干旱情形下的产量之间的差值，其计算公式为：

$$\Delta Y = Y_{\text{normal}} - Y_{\text{drought}} \tag{4.12}$$

式中：ΔY 为评估区域单位面积因旱减产量；Y_{normal} 为评估区域正常气候条件下模拟的单位面积作物产量；Y_{drought} 为评估区域干旱情形下模拟的单位面积作物产量。

基于作物生长模型APSIM的农业因旱损失模型示意图见图4.10。APSIM模型由气象数据、土壤数据、作物品种数据和田间管理数据等4类数据驱动，无论是模拟正常条件下的产量，还是干旱情形下的产量，变化的均只有气象数据，土壤数据、作物品种数据和田间管理数据均保持不变。正常气候条件下和干旱情形下的气象数据，分别采取如下方案进行构造：

(1)正常条件下的气象数据构造。

通过历史30年逐日气象数据构造正常气候条件下的气象数据，包括降雨、气温、太阳辐射、风速、相对湿度等。

1)太阳辐射、最高温度、最低温度、相对湿度、风速数据，取历史平均数据。

2)降水数据逐旬分段构造。以 1 月上旬构造为例，以 30 年 1 月份上旬 30 个旬降雨量的均值作为构建的标准量，根据差值最小原则，识别出 30 年中 1 月上旬最接近均值的年份，将其降水日值作为正常年景 1 月上旬日值数据。其他 35 旬依次构造。

(2)干旱条件下的气象数据构造。

干旱时段气象数据用真实的气象数据，非干旱时段气象数据则用多年平均数据。

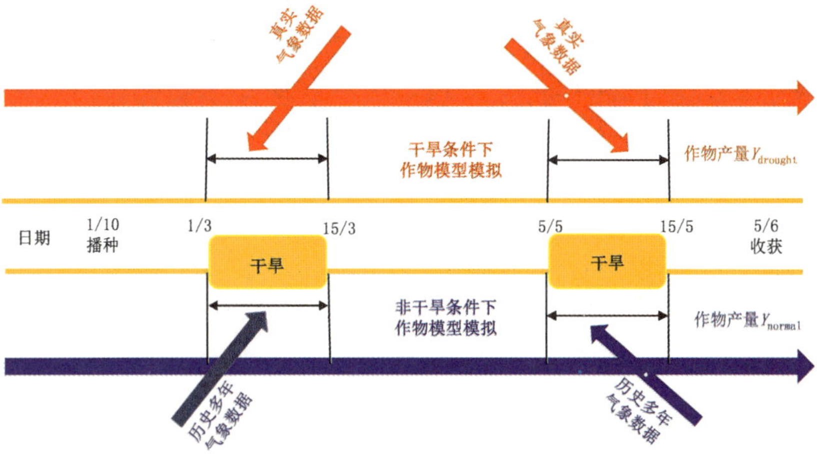

图 4.10　基于作物生长模型 APSIM 的农业因旱损失模型示意图

4.4.2.2　农业因旱损失计算结果

在采用基于 Copula 多维联合分布的干旱频率计算过程中，已经识别出辽宁省 14 个地级市 1961—2013 年所有干旱事件。结合辽宁省玉米作物生长阶段情况，即 4 月下旬至 5 月中旬为播种—出苗期，5 月下旬至 6 月下旬为出苗—拔节期，7 月上旬至 7 月中旬为拔节—抽雄期，7 月下旬至 8 月上旬为抽雄—乳熟期，8 月中旬至 9 月上旬为乳熟—成熟期，干旱事件又可分为作物生育期内干旱事件(4—9 月)和非作物生育期内干旱事件(10 月至次年 3 月)。考虑到干旱对作物产量的影响主要是发生在作物生育期内，本书仅研究作物生育期内干旱频率与潜在因旱损失的关系。为此，首先筛选出作物生育期内干旱事件，进而采用作物生长模型 APSIM 计算每一个干旱事件对应的农业因旱损失。本节以辽宁省朝阳市为例，在进行 APSIM 模型参数率定及模型可靠性验证的基础上，采用基于 APSIM 模型的农业因旱损失模型计算作物生育期内每一个干旱事件对应的农业因旱损失率，见表 4.5。

表 4.5 辽宁省朝阳市玉米生育期内干旱事件对应因旱损失

干旱事件	干旱情形下模拟单产 $Y_{drought}$ (kg/hm²)	单位面积因旱损失量 ΔY (kg/hm²)	因旱损失率 (%)
1961年1—6月	3856	2359	37.96
1965年4—5月	5736	479	7.71
1967年9—10月	5748	467	7.51
1968年7—9月	5889	326	5.25
1972年5—8月	4293	1922	30.93
1980年4—9月	3389	2826	45.47
1981年6—10月	4481	1734	27.90
1982年6—10月	3931	2284	36.75
1987年8—12月	5748	467	7.51
1988年7—9月	5686	529	8.51
1992年6—10月	4532	1683	27.08
1997年6—9月	3633	2582	41.54
1999年7—10月	3018	3197	51.44
2000年6—10月	1502	4713	75.83
2001年4—6月	5056	1159	18.65
2004年3—8月	3826	2389	38.44
2006年5月	5743	472	7.59
2006年8—10月	3748	2467	39.69
2009年6—10月	2217	3998	64.33
2013年6—8月	4922	1293	20.80

4.4.3 农业旱灾风险定量评估

4.4.3.1 干旱频率—因旱损失关系曲线

考虑到干旱对作物产量的影响主要是发生在作物生育期内，因此本书拟针对玉米生育期内干旱事件，采用基于Copula多维联合分布的干旱频率计算方法确定干旱事件频率，采用基于APSIM模型的农业因旱损失模型模拟干旱事件潜在损失，进而采用回归拟合的方式建立辽宁省14个地市干旱事件干旱频率和因旱损失率间的定量关系曲线，见图4.11。由干旱频率—因旱损失关系曲线图可见，各地市干旱频率与因旱损失率之间呈现较好的相关性，各拟合点在拟合曲线附近分布，关系曲线决定系数 R_2 基本为0.6～0.8。对于玉米生育期内干旱事件(4—9月)，辽宁省14个地市的干旱频率和因旱损失率均满足对数函数关系，随着干旱频率的降低，潜在因旱损失呈现上升趋势。

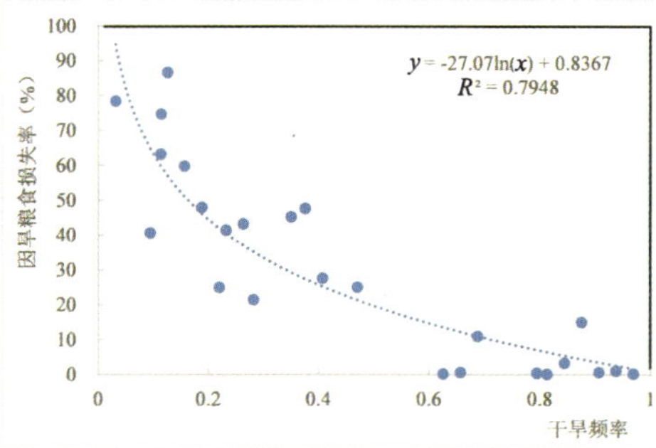

(a)阜新市

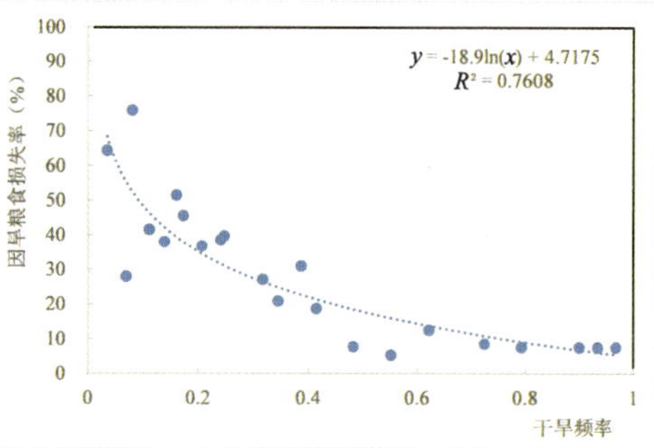

(b)朝阳市

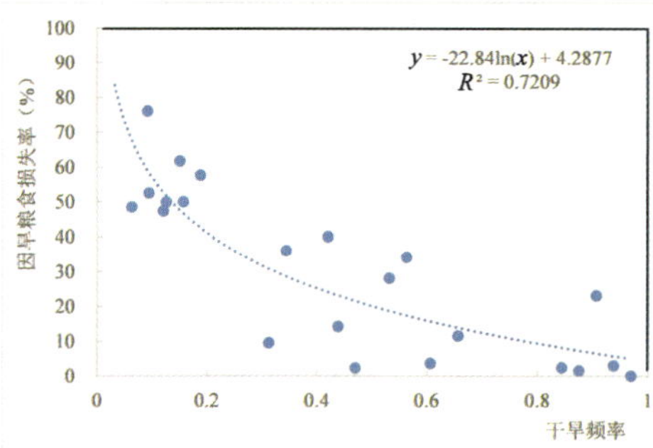

(c)锦州市

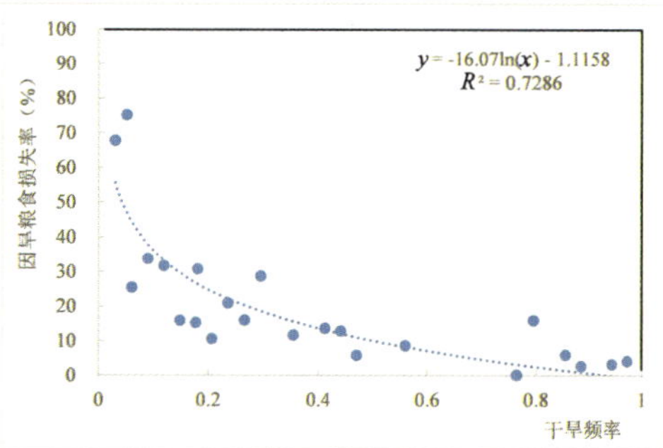

(d)葫芦岛市

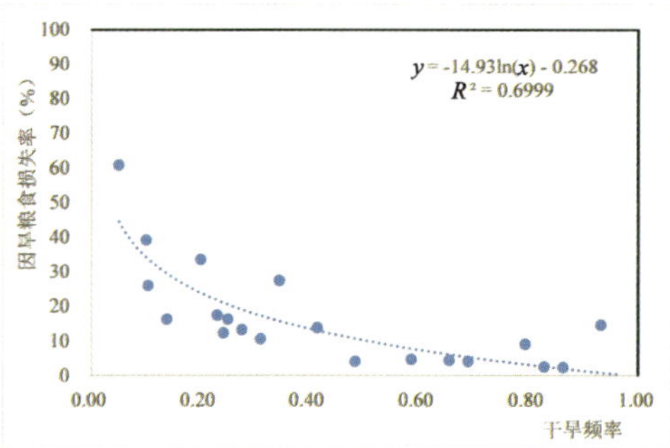

(e)铁岭市

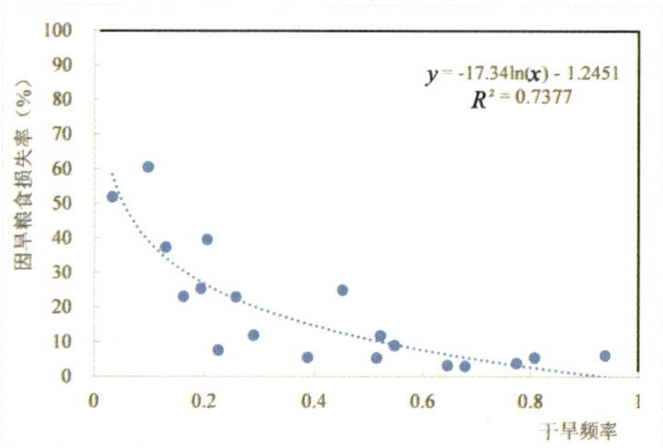

(f)辽阳市

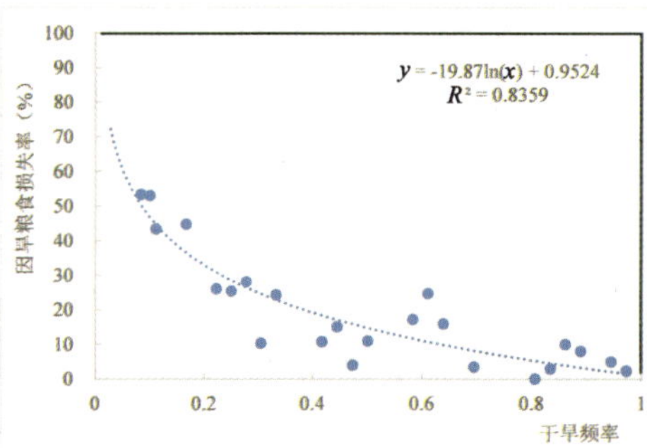

(g)沈阳市

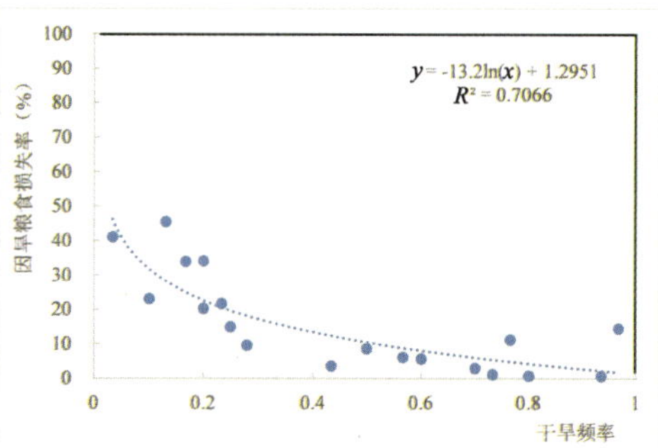

(h)盘锦市

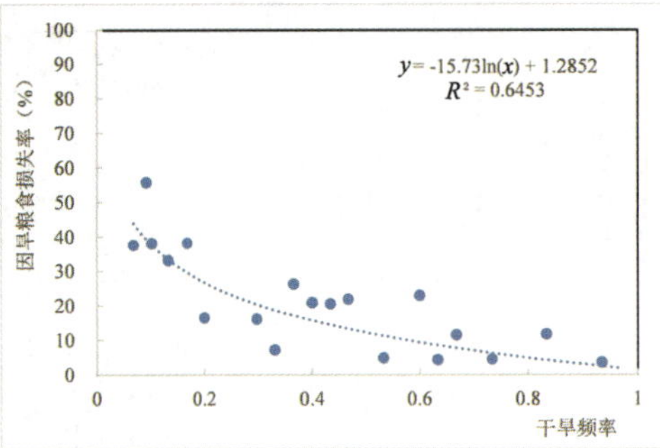

(i)营口市

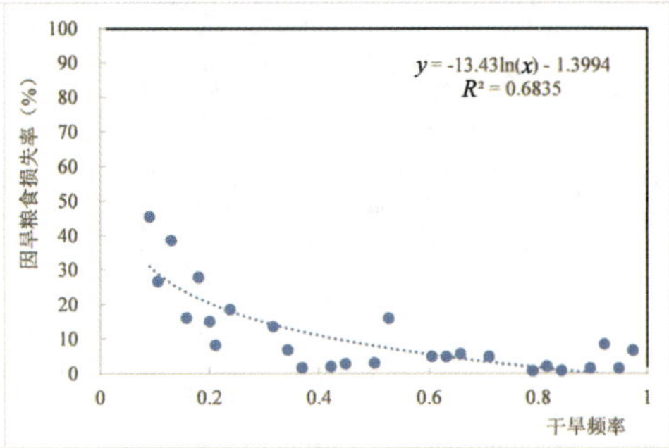

(j)鞍山市

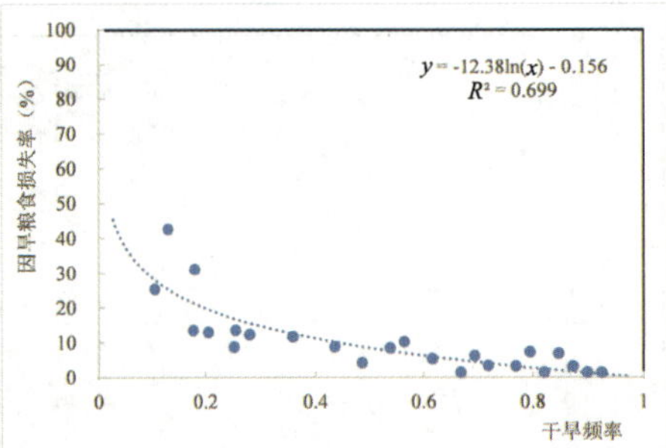

(k)本溪市

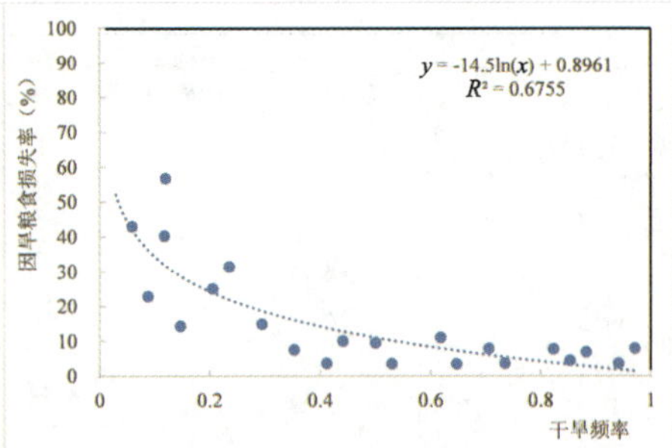

(l)抚顺市

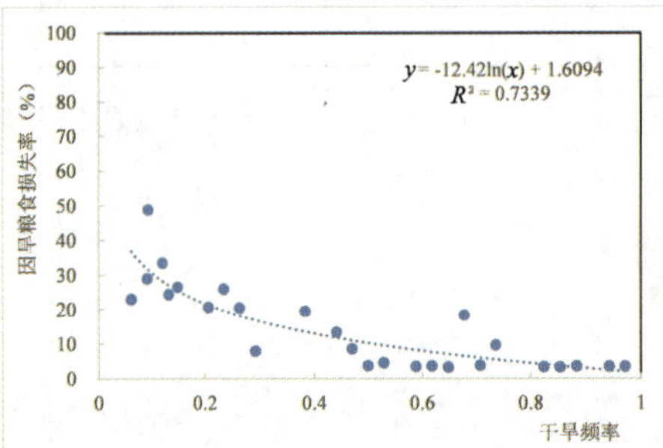

(m)大连市

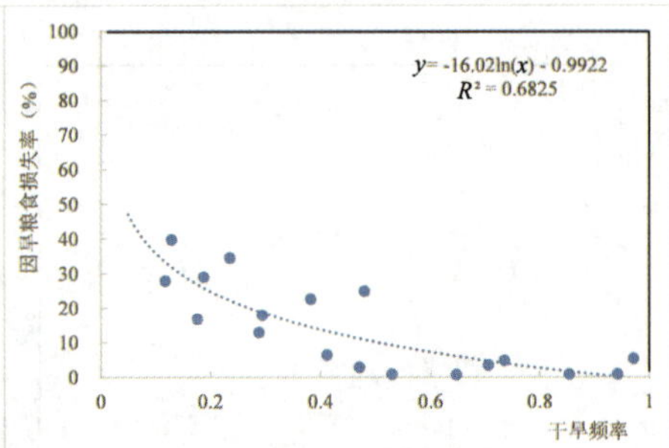

(n)丹东市

图 4.11　辽宁省各地市干旱频率—因旱损失率关系曲线

为了进一步验证基本干旱事件过程的旱灾风险定量评估结果的合理性，拟结合辽宁省水利厅编著出版的《2006 年辽西北地区特大伏旱》和《抗御 2009 年干旱实录》中有关辽宁省有关地市因旱损失灾后统计数据进行对比分析。根据《2006 年辽西北地区特大伏旱》，2006 年 7 月中旬至 8 月下旬，正值玉米生长的关键时期，严重伏旱造成辽西北地区大面积玉米有花无穗，错过了最佳授粉期，玉米减产甚至绝收，阜新、朝阳、锦州等市灾后统计因旱损失率分别达到 60.82%、45.85%和 64.97%，与本书模拟的因旱损失率相对误差在 15%以内，详见表 4.6。根据《抗御 2009 年干旱实录》，2009 年辽宁省发生严重夏秋旱，除盘锦、辽阳、大连、营口外，其余 10 个地级市均遭受中度及以上程度的旱灾，其中阜新、朝阳为特大旱灾，相关损失情况详见表 4.7，与本书模拟的因旱损失率相对误差也均在 15%以内。总体来说，基本干旱事件过程的旱灾风险定量评估方法具有可行性，评估结果具有合理性。

表 4.6　2006 年辽西北地区特大伏旱因旱损失对比情况

地市	模拟因旱潜在损失率（%）	灾后统计因旱损失率（%）	相对误差（%）
阜新	59.74	60.82	1.08
朝阳	39.69	45.85	6.16
锦州	50.07	64.97	14.9
葫芦岛	30.70	23.36	7.34
铁岭	16.16	18.09	1.93

表 4.7　2009 年辽宁严重夏秋旱因旱损失对比情况

区域	地市	模拟因旱潜在损失率（%）	灾后统计因旱损失率（%）	相对误差（%）
辽西低山丘陵区	阜新	40.59	43.34	2.75
	朝阳	64.33	61.57	2.76
	锦州	36.06	31.48	4.58
	葫芦岛	36.69	28.19	8.50
中北部地区	铁岭	33.50	38.49	4.99
	辽阳	5.31	6.17	0.86
	沈阳	24.18	23.14	1.04
	盘锦	21.64	—	—
	营口	26.17	18.73	7.44
	鞍山	26.50	24.24	2.26
辽东山区	本溪	42.53	36.54	5.99
	抚顺	31.40	24.53	6.87
	丹东	22.60	24.25	1.65
南部地区	大连	25.89	11.69	14.2

4.4.3.2　干旱频率空间分布图

根据建立的干旱频率—因旱损失关系拟合公式，推求不同因旱损失率对应的干旱频率，即得干旱频率空间分布图。本书中，为了更直观地表达干旱频率，将干旱频率转换为干旱重现期，即得到不同因旱损失率对应干旱重现期分布。在空间分布图中，将干旱重现期分为小于 2 年一遇、2～5 年一遇、5～10 年一遇、10～20 年一遇、20～50 年一遇、50～100 年一遇和大于 100 年一遇共 7 个区间，见图 4.12。

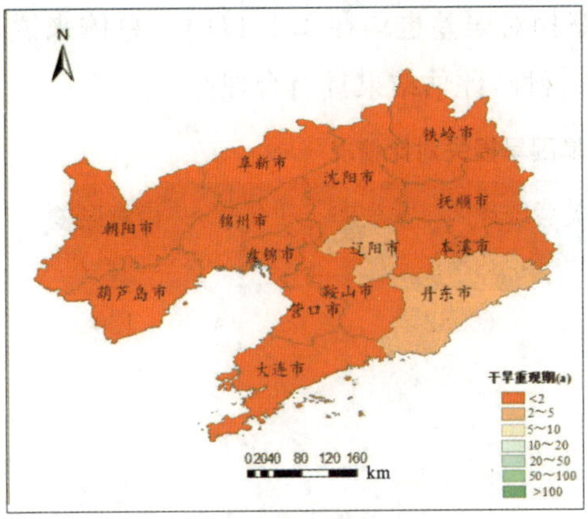

(a)5%因旱损失率

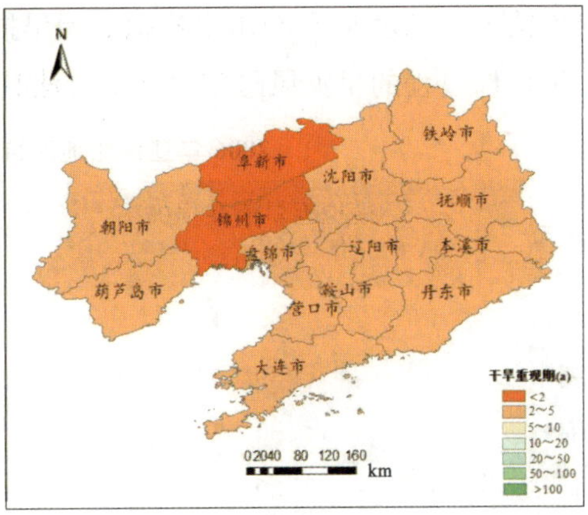

(b)10%因旱损失率

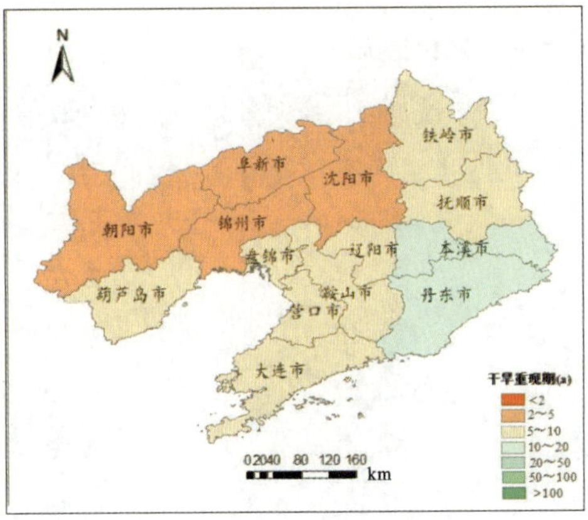

(c)20%因旱损失率

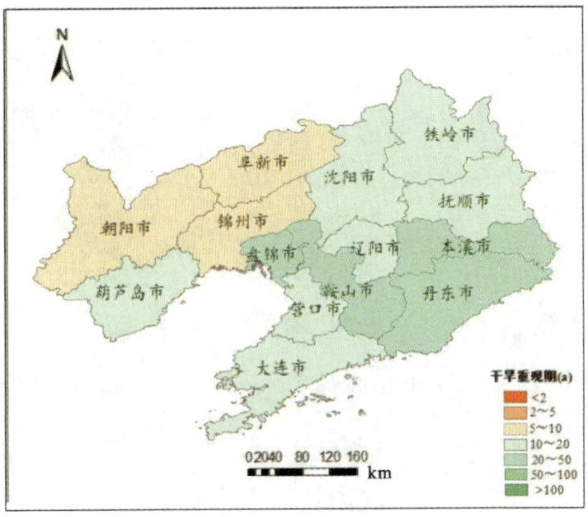

(d)30%因旱损失率

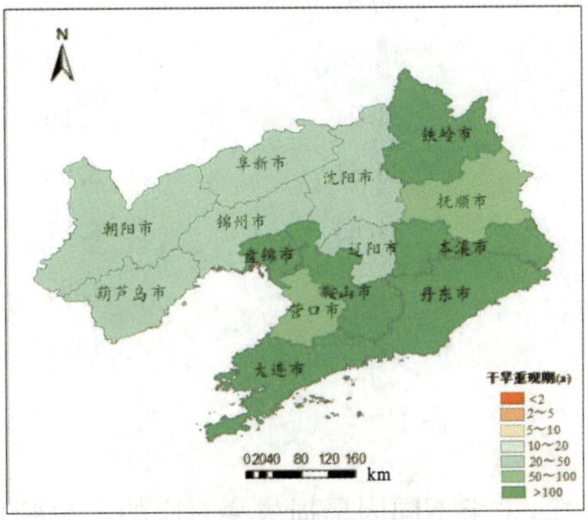

(e)50%因旱损失率

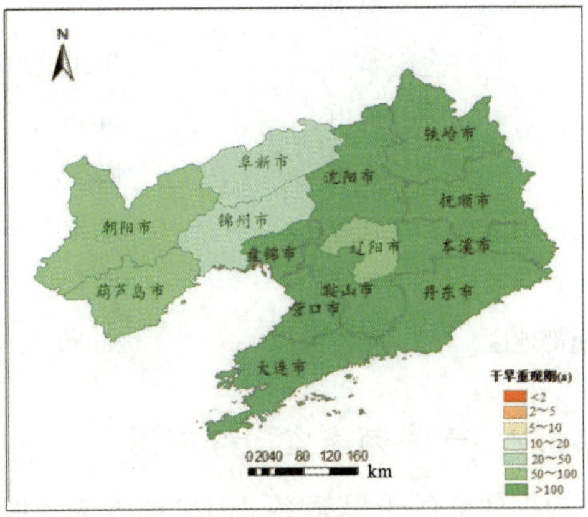

(f)60%因旱损失率

图 4.12 辽宁省不同因旱损失率对应干旱重现期分布

由图 4.12 可见，当因旱损失率为 5%时，除辽阳和丹东外，辽宁其他地市的干旱重现期均小于 2 年一遇。当因旱损失率为 10%时，辽宁全省 14 个地市干旱重现期均在 5 年一遇以内。当因旱损失率为 20%时,本溪和丹东干旱重现期将达到 10～20 年一遇,葫芦岛、铁岭、抚顺、盘锦、辽阳、营口、鞍山干旱重现期为 5～10 年一遇,辽西低山丘陵区 4 地市干旱重现期为 2～5 年一遇。当因旱损失率为 30%时,中东部的本溪、丹东、盘锦、鞍山 4 地市的干旱重现期将达到 20～50 年一遇,西部的朝阳、阜新和锦州 3 地市干旱重现期为 5～10 年一遇,其他地市为 10～20 年一遇。当因旱损失率达到 50%时,铁岭、鞍山、盘锦、本溪、丹东、大连都超过 100 年一遇。总之,随着因旱损失率的增加,各地干旱重现期逐渐变长;相同因旱损失率时,辽西和辽北地区相关地市干旱重现期相对较短,即干旱更为频发。

4.4.3.3　因旱损失空间分布图

同样,可根据建立的干旱频率—因旱损失关系拟合公式,推求不同干旱重现期对应的因旱损失,即得因旱损失空间分布图。因旱损失空间分布图,主要用于刻画不同条件下的旱灾损失分布情况,如一定抗旱能力水平下,不同地区发生某种程度干旱(如 5 年、10 年、20 年、50 年、100 年一遇等)时,对应的因旱损失空间分布图,以便于宏观比较区域间的易损情况,如确定区域内损失高风险区、中度风险区及低风险区等。利用此图可快速评估某干旱事件导致的损失情况,为制定抗旱应急对策提供有益参考。

图 4.14 所示是辽宁省不同干旱重现期状况下对应粮食因旱潜在损失分布情况。由图可见,当发生 5 年一遇干旱时,除朝阳、阜新、锦州、沈阳 4 个地市因旱潜在损失率为20%～30%,其他 10 个地市的因旱潜在损失率为 10%～20%。当发生 10 年一遇干旱时,阜新、锦州 2 个地市因旱潜在损失率可达 40%～50%,其次是朝阳市,为 30%～40%,其他地市因旱潜在损失率均在 30%以下。当发生 50 年一遇干旱时,阜新因旱潜在损失率高达 70%～80%,锦州、朝阳、葫芦岛、沈阳、辽阳等地市因旱潜在损失率均在 50%以上,铁岭、抚顺、营口、大连因旱潜在损失率为 40%～50%,盘锦、鞍山、丹东、本溪为 30%～40%。总之,随着干旱重现期的增大,各地因旱潜在损失也在逐渐增大;同一干旱重现期时,辽西和辽北地区相关地市因旱潜在损失更大,干旱影响更为严重。

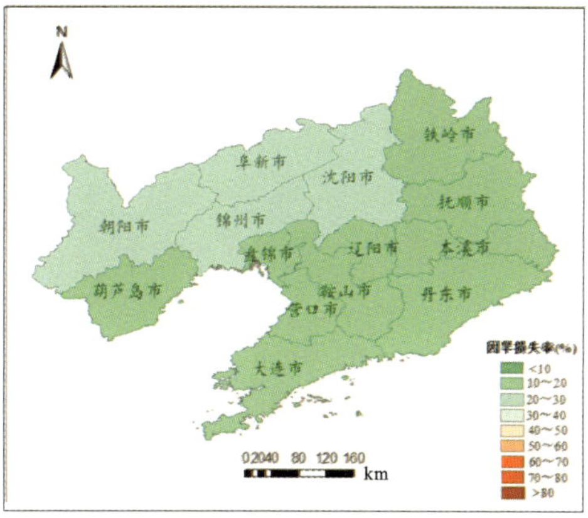

(a)5 年一遇

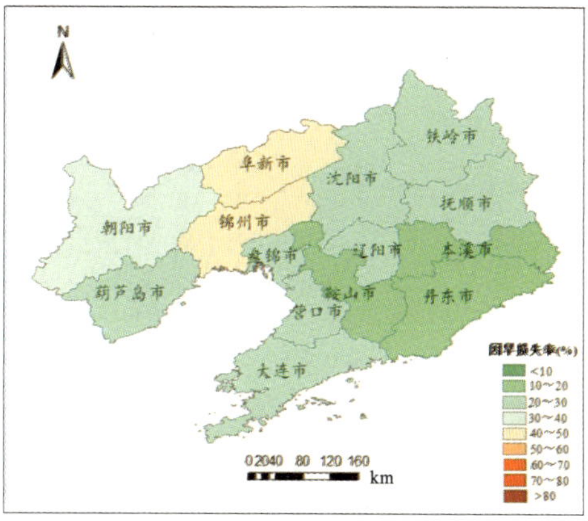

(b)10 年一遇

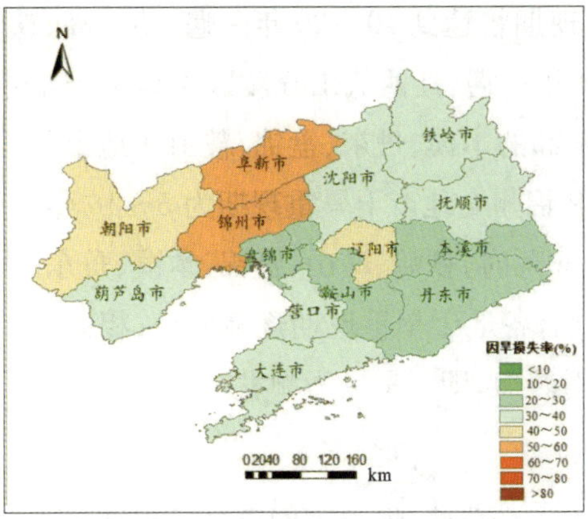

(c)20 年一遇

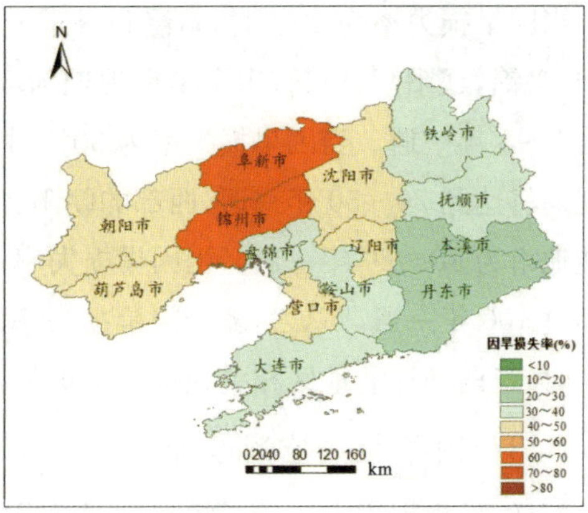

(d)30 年一遇

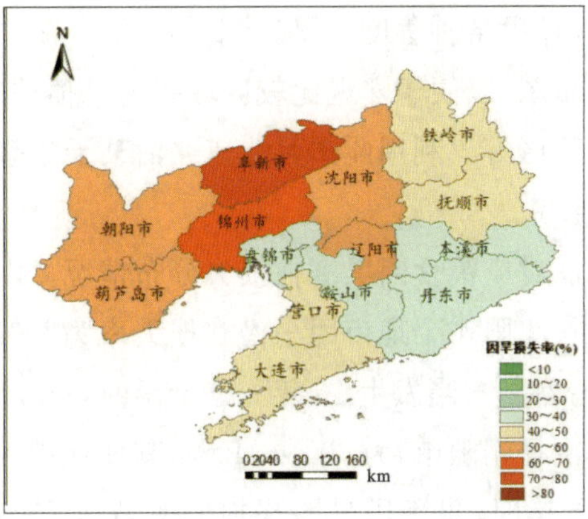

(e)50 年一遇

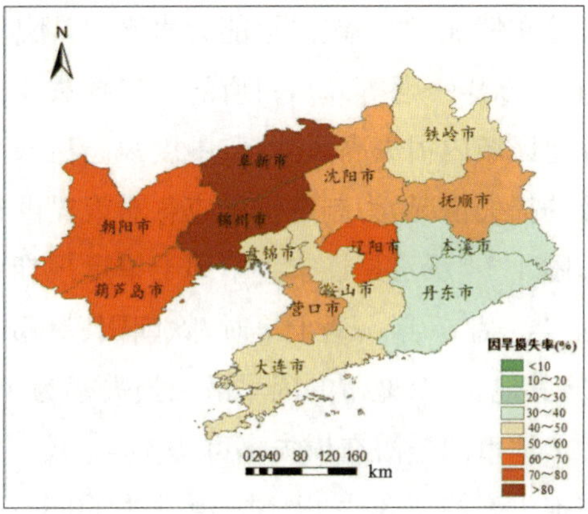

(f)100 年一遇

图 4.13 辽宁省不同干旱重现期对应因旱损失率分布

第 5 章　旱灾风险评估方法及实证研究

目前大部分旱灾风险研究都是围绕静态旱灾风险评估展开的，主要基于历史资料，通过对某一地区干旱成灾机理及规律等进行分析，进而估计这一地区干旱发生的可能性及其可能产生的不利影响。尽管本书第 5 章提出的“基于干旱事件过程的旱灾风险定量评估方法”建立在旱灾风险物理形成机制之上，且能够定量表达旱灾风险，但总体上，与基于区域灾害系统理论的旱灾风险评估方法、基于传统概率统计的旱灾风险评估方法一样，仍属于静态旱灾风险评估方法。因为这些方法得到的旱灾风险评估成果，均反映的是某一地区某一时期的风险特征，风险相对稳定，对于更好地做好长远规划、调整结构布局、制定抗旱减灾对策是非常有意义的。

但是，作为贯穿干旱发生全过程的管理模式，旱灾风险管理除了需要掌握旱灾风险的总体分布情况，还需要能够清晰掌握实时的、动态的旱灾风险，从而实现对旱灾风险动态调控。21 世纪以来，我国不同区域曾多次发生严重干旱事件，此处以 2010 年西南五省大旱为例，说明进行旱灾风险动态评估的必要性。根据静态旱灾风险评估分析的结果，我们能够知道受水利工程不足、经济实力落后、应急能力较低等因素的影响，西南地区旱灾风险较高。但是，具体到 2010 年西南五省大旱这一灾害事件，静态旱灾风险评估结果并不能够为该干旱事件发生发展过程之中的具体风险处置提供决策依据，而此时如果能够根据实时旱情信息及未来可能的发展趋势分析等提供动态旱灾风险评估结果，那么就能够为该干旱事件的应急处置提供及时、有效的依据。

所谓旱灾风险动态评估，是指基于实时旱情信息及未来可能的发展趋势分析等，提前预估某一地区干旱的可能影响。动态旱灾风险，反映的是某一地区动态变化的、短期的风险特征，其根本目的是为动态预估灾情发展、为动态决策并进行风险处置提供量化依据。考虑到农业是受干旱影响最直接且最严重的行业，本书主要针对农业旱灾风险动态评估方法开展研究。

5.1　农业旱灾风险动态评估原理

如前文所述，旱灾风险动态评估是在基于实时旱情信息及未来可能的发展趋势分析等，提前预估某一地区未来干旱的可能影响。对于农业而言，旱灾风险动态评估是对作物目前已受旱状况以及未来干旱发展趋势进行评估的基础上，提前预估干旱对作物最终产量的可能影响。之所以称之为动态,其关键点是在作物生长过程之中实现干旱对最终产量可能影响的评估。

要进行农业旱灾风险动态评估,需要弄清楚两个问题,即干旱发生过程中的确定性问题和不确定问题。确定性问题,是指从作物播种之后到当前评估时刻 t 内,作物生长的外部条件 W 均为已知,为外部条件确定性区间,此区间对最终产量的影响也是确定的。不确定问题,是指从当前评估时刻 t 之后,作物生长的外部条件 U 尚为未知,为外部条件不确定性区间,此区间对最终产量的影响是不确定的。而对于不确定区间,则要通过耦合未来旱情预测预报结果或设置不同情景的方式,进而量化不同确定区间和不确定区间组合情况下的不同风险情况。如此一来,决策者可依据风险动态结果提前采取措施,避免向不利的方向发展。农业旱灾风险动态评估原理见图 5.1,可用如下概念函数来表达:

$$R=f[t,W,U(S_i)] \tag{5.1}$$

式中:R 为农业旱灾动态风险;t 为当前评估时刻;W 为当前评估时刻之前的已知外部条件;U 为当前评估时刻之后的未知外部条件;S_i 为预测预报的未来某一情景或人为设置的某一情景。

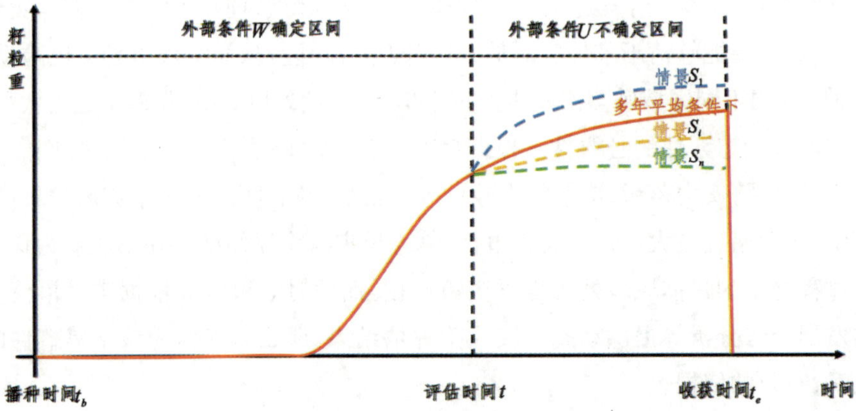

图 5.1 农业旱灾风险动态评估原理

5.2 农业旱灾风险动态评估方法

在前文中,我们将动态农业旱灾风险表达为关于当前评估时刻 t、t 时刻之前已知的外部条件 W 和 t 时刻之后未知的外部条件 U 的函数。为此,农业旱灾风险动态评估方法的基本思路是:利用作物生长模型能逐日模拟作物生长发育过程的优势,在进行模型参数率定和可靠性验证的基础上,结合干旱预报情景、不同典型年情景或不同假定情景,运用情景分析技术,利用构建的基于作物生长模型的农业因旱损失模型计算不同情景模式下潜在的因旱粮食损失,实现不同情景模式下的旱灾风险动态评估,进而进行风险分布图绘制。评估流程见图 5.2。

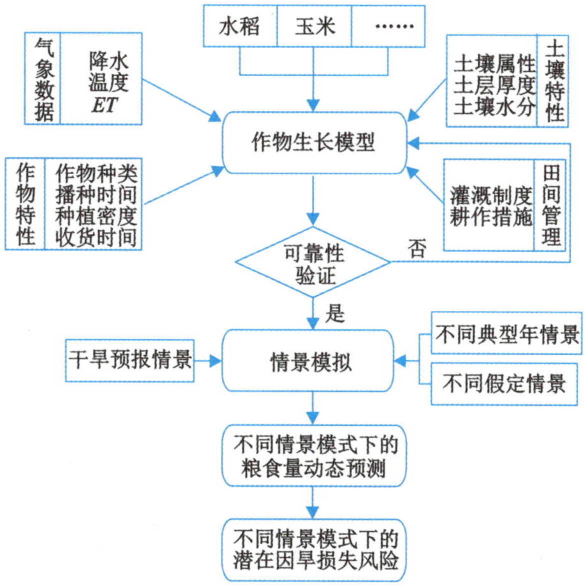

图 5.2　农业旱灾风险动态评估流程

在本书提出的农业旱灾风险动态评估方法中，最为关键的有两个环节，一个是对作物生长模型进行参数率定和可靠性验证(参见 3.3.3)，另一个就是不同情景模式的设定。由于现阶段干旱预测预报技术尚处于起步阶段，难以提供准确的预测预报结果输入，本书主要采用不同典型年情景以及人为情景的设定。理论上，农业生产外部条件是非常复杂的，作物生长过程中受气象、灌溉、耕作等诸多因素的影响，但为了获取作物因旱损失量，本书假设其他环境与耕作因子等外部条件均保持不变，唯一变化的外部条件是气象要素。从抗旱减灾实际需求的角度考虑，当旱情出现时，决策者往往非常关心如果未来 N 天无有效降雨或者未来某种典型年条件下(图 5.3)，旱灾风险会如何？是否需要采取抗旱减灾措施？

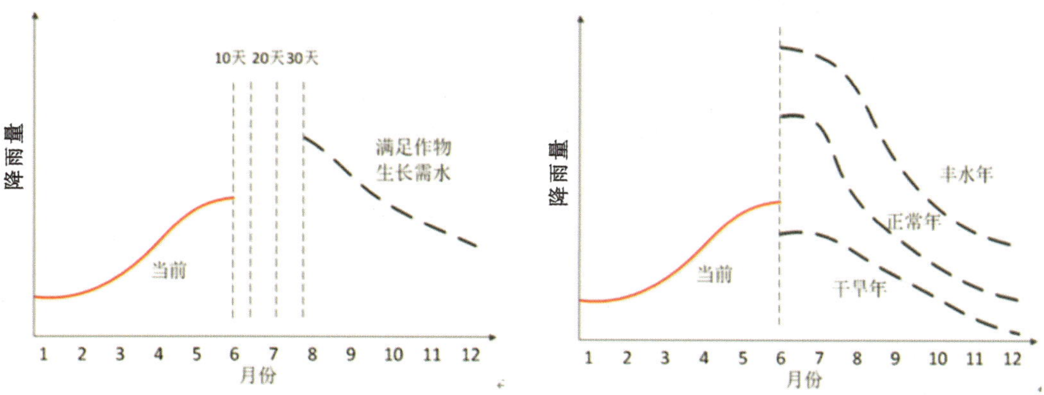

(a)未来 N 天无有效降雨，之后降水恢复正常　　(b)未来为典型丰水年、正常年和干旱年情景

图 5.3　未来情景模式

5.3 农业旱灾风险动态评估实证研究

考虑到2009年夏秋两季，辽宁省发生了严重的干旱及灾害，本书以2009年夏秋干旱为例，进行农业旱灾风险动态评估实证研究。利用APSIM作物生长模型逐日模拟作物生长发育过程，在进行模型参数率定和可靠性验证的基础上（参见3.3.3和4.5.2），结合不同典型年情景或不同假定情景模式设定，运用情景分析技术，通过不同情景模式下的粮食产量，进而计算不同情景模式下的潜在因旱粮食损失，用此表征动态旱灾风险，并进行风险分布图绘制。

5.3.1 未来情景模式设置

本书共设定了8种情景模式，分别为未来5天无有效降雨（S_5）、未来10天无有效降雨（S_{10}）、未来20天无有效降雨（S_{20}）、未来30天无有效降雨（S_{30}）、未来50天无有效降雨（S_{50}）、干旱年（S_d）、平水年（S_n）、丰水年（S_w），详见表5.1。辽宁省各站点典型年选择结果见表5.2。

表5.1 未来情景模式设置

编号	情景模式	说明
S_5	未来5天无有效降雨	从评估时刻t至$t+5$无有效降雨，从$t+5$至作物成熟，满足作物生长的正常需水
S_{10}	未来10天无有效降雨	从评估时刻t至$t+10$无有效降雨，从$t+10$至作物成熟，满足作物生长的正常需水
S_{20}	未来20天无有效降雨	从评估时刻t至$t+20$无有效降雨，从$t+20$至作物成熟，满足作物生长的正常需水
S_{30}	未来30天无有效降雨	从评估时刻t至$t+30$无有效降雨，从$t+30$至作物成熟，满足作物生长的正常需水
S_{50}	未来50天无有效降雨	从评估时刻t至$t+50$无有效降雨，从$t+50$至作物成熟，满足作物生长的正常需水
S_d	干旱年	从评估时刻t至作物成熟，降雨分布为该地区干旱年情形
S_n	平水年	从评估时刻t至作物成熟，降雨分布为该地区平水年情形
S_w	丰水年	从评估时刻t至作物成熟，降雨分布为该地区丰水年情形

表5.2 辽宁省各站点典型年确定情况

地市	干旱年	平水年	丰水年
阜新	2000	2008	1995
朝阳	2009	2002	1996
锦州	2000	2007	1996
葫芦岛	2003	2007	1986
铁岭	2000	2003	2004
辽阳	2000	2008	1984
沈阳	2000	2001	1986

续表

地市	干旱年	平水年	丰水年
盘锦	2000	1979	1986
营口	2000	2005	1986
鞍山	2000	2008	1987
本溪	2000	2009	2001
抚顺	2000	2001	1993
丹东	2000	2002	2005
大连	2000	2010	1976

5.3.2 不同情景模式下粮食产量动态预测

根据辽宁省水利厅编著的《抗御 2009 年干旱实录》，辽西北部分地区于 2009 年 5 月中下旬旱情开始显现，7 月之后辽宁中部、南部大部分地区也开始出现旱情，大部分地区旱情持续至 8 月底，辽西北部分地区一直持续到 9 月份，各地受旱时段详见表 5.3。同时，结合辽宁省玉米生长发育过程状况(表 5.4)，本书拟选择 2009 年 6 月 1 日、7 月 1 日和 8 月 1 日 3 个时间点作为当前评估时刻 t，利用作物生长模型 APSIM 模型动态模拟预测 t 时刻之前外部条件 W 已知和 t 时刻之后外部条件 U 未知情形下的玉米作物产量。其中，t 时刻之后未知的外部条件 U 通过 6.4.1 中设定的 5 种人为情景设置(未来 5 天、10 天、20 天、30 天、50 天无有效降水)和 3 种典型年情景(干旱年、平水年和丰水年)等 8 种情景模式来表达。

表 5.3　　2009 年辽宁省防办受旱时段统计

区域	地市	主要受旱时段
辽西低山丘陵区	阜新	6—9 月
	朝阳	5—9 月
	锦州	6—9 月
	葫芦岛	6—9 月
中北部地区	铁岭	5—9 月
	辽阳	7 月中旬至 8 月中旬
	沈阳	7—9 月
	盘锦	8 月
	营口	7—8 月
	鞍山	7—8 月
辽东山区	本溪	7 月下旬至 8 月下旬
	抚顺	7—8 月
	丹东	7—8 月
南部地区	大连	8 月

表 5.5 所示是 2009 年 6 月 1 日不同情景模式下辽宁省各地市玉米产量预测结果。从 2009 年 6 月 1 日开始，与未来 5 天无有效降水相比，未来 10 天无有效降水各地市玉米粮食产量出现小幅降低，这是由于此时正值玉米出苗阶段，需水量相对较少，对干旱的忍耐力较强。但是，随着未来无有效降水天数的增加，旱情不断加重，各地市的玉米粮食产量开始呈

现逐渐降低的趋势。当未来20天无有效降水时，玉米产量出现明显降低，这是由于6月下旬正值玉米拔节期，对水分需求相对较大，降水持续偏少影响了玉米的生长发育，而玉米产量降低最为明显发生在未来50天无有效降水情景，这是由于从6月1日之后的50天正是玉米对水分需求较旺盛的两个阶段，即拔节期和抽雄期。对于三种不同的典型年情况而言，干旱年的粮食产量明显比其他两种典型年情景要低。而对于丰水年和正常年，总体来说相差不太明显，这是因为正常年的降雨量基本能够满足作物需水，丰水年的降水增加对粮食产量的增加只有较小的作用。

表5.4　辽宁省玉米生育期划分及需水量

玉米生育阶段	播种—出苗期	出苗—拔节期	拔节—抽雄期	抽雄—乳熟期	乳熟—成熟期
时间段	4月下旬 至5月中旬	5月下旬 至6月下旬	7月上旬 至7月中旬	7月下旬 至8月上旬	8月中旬 至9月上旬
需水量(mm)	60	110	150	100	50

表5.5　2009年6月1日不同情景模式下辽宁省各地市玉米产量预测　(单位:kg/hm^2)

区域	地市	S_5	S_{10}	S_{20}	S_{30}	S_{50}	S_d	S_n	S_w
辽西低山丘陵区	阜新	7847.0	7522.4	6817.6	6138.6	3963.8	1816.0	8346.0	10081.0
	朝阳	5868.4	5412.9	4956.3	4336.4	2460.8	2664.0	5847.5	6353.2
	锦州	8425.9	8155.4	7462.6	6654.5	4193.0	2842.7	8770.2	9234.4
	葫芦岛	6208.1	6077.6	5650.6	5269.8	3245.2	3657.8	6608.1	7577.9
中北部地区	铁岭	7604.3	6813.1	6298.2	5499.9	3528.5	2234	7421.9	8036.2
	沈阳	8858.5	8606.2	8048.2	7486.5	4600.6	3210.4	8756.7	9256.7
	辽阳	8201.2	7906.7	7421.7	7021.7	4421.7	3892.2	8538.9	8466.2
	盘锦	6938.8	6917.3	6539.3	5819.2	4216.5	3599.1	7389.9	7426.7
	营口	7042.2	6912.6	6442.4	5933.4	4030.8	3699.1	7206.2	8385.8
	鞍山	8320.1	8088.6	7625.8	6920.5	4236.7	3614.2	8365.0	9525.1
辽东山区	本溪	7554.8	7319.3	6692.6	5536.0	3958.5	3711.7	7004.4	8184.5
	抚顺	7574.9	7538.9	6626.8	5566.7	3940.4	3424.8	7574.9	7998.0
	丹东	6016.8	5945.7	5055.0	4642.1	3196.5	3494.4	6417.5	6662.8
南部地区	大连	6288.7	6032.4	5697.0	5323.3	2897.8	2262.3	6688.7	6875.9

表5.6所示是2009年7月1日不同情景模式下辽宁省各地市玉米产量预测结果。总的来说，变化趋势与6月1日类似，即随着未来无有效降水时间的增加，各地市的玉米粮食产量呈逐渐降低的趋势。而且，玉米产量明显降低出现在未来20天无有效降水情景，这是由于7月上旬至中旬正值玉米需水敏感期拔节—抽雄期。此外，与2009年6月1日这一评估时刻相比，阜新、朝阳、锦州、葫芦岛、铁岭、沈阳、抚顺等地市2009年7月1日同一情景下玉米产量比6月1日的产量总体都有较大幅度减少，这主要是由于这些地区在前期就已经出现旱情了，而辽阳、盘锦、营口、丹东、大连等地市则减少较少，这些地区在2009年7月之

前基本没有出现旱情。

表5.6　　2009年7月1日不同情景模式下辽宁省各地市玉米产量预测　　(单位:kg/hm^2)

区域	地市	S_5	S_{10}	S_{20}	S_{30}	S_{50}	S_d	S_n	S_w
辽西低山丘陵区	阜新	6275.1	5750.8	4263.0	3642.1	3176.9	2013.1	6992.0	7149.4
	朝阳	4447.6	3864.9	2838.6	2408.6	1816.7	2490.1	4247.0	4533.1
	锦州	7090.2	6812.5	5340.9	4331.3	3987.9	4846.3	7212.5	7336.4
	葫芦岛	5248.2	5069.8	3846.2	3201.7	2498.4	3497.1	5516.4	5648.2
中北部地区	铁岭	5863.8	5473.6	4641.2	3814.9	3032.9	4351.9	4899.9	5647.4
	沈阳	7260.5	6947.2	6238.6	5869.8	4039.8	5218.5	5713.0	8215.2
	辽阳	8195.8	7866.3	6253.9	5377.6	4054.2	5280.3	8289.6	8524.6
	盘锦	6938.8	6637.8	5514.9	4693.4	4035.5	4625.9	6938.8	7094.7
	营口	7089.3	6652.4	6081.3	5482.5	4039.8	4590.4	7170.2	8489.1
	鞍山	7851.6	7652.8	6798.4	6155.3	3536.7	4312.4	7352.9	10108.4
辽东山区	本溪	7454.6	6862.6	5766.8	4927.3	3884.3	5889.2	6304.4	7038.9
	抚顺	6433.8	6244.6	4953.8	4844.4	3987.0	4928.6	7137.6	6913.5
	丹东	5824.7	5623.8	4768.6	3845.8	2912.6	3057.4	5024.9	5884.8
南部地区	大连	6061.1	5789.8	5304.3	4756.8	3599.4	4142.5	5467.0	5453.0

表5.7所示是2009年8月1日不同情景模式下辽宁省各地市玉米产量预测结果。随着未来无有效降水时间的增加,总体趋势与6月1日、7月1日类似,各地市玉米粮食产量呈逐渐降低的趋势,但是产量降低的幅度明显比前两个评估时刻要小,这主要是由于玉米生育阶段不同引起的,不同生育阶段干旱缺水的影响也不尽相同。需要指出的是,无论评估时刻是6月1日、7月1日,还是8月1日,平水年和丰水年的玉米产量都较为接近,但是,在6月1日、7月1日两个评估时刻,干旱年的玉米产量显著低于平水年和丰水年,而8月1日这一评估时刻,干旱年玉米产量小幅低于平水年和丰水年。

表5.7　　2009年8月1日不同情景模式下辽宁省各地市玉米产量预测　　(单位:kg/hm^2)

区域	地市	S_5	S_{10}	S_{20}	S_{30}	S_{50}	S_d	S_n	S_w
辽西低山丘陵区	阜新	5345.2	5032.6	4807.8	4203.4	3827.8	4426.1	5457.5	5645.6
	朝阳	3885.2	3438.4	3264.0	2836.2	2405.8	2577.8	3647.0	3485.0
	锦州	5425.1	5356.8	4690.2	4296.7	3496.7	4815.0	5430.6	5463.3
	葫芦岛	4097.4	3877.9	3505.8	3387.0	2887.0	3696.6	3998.8	4196.5
中北部地区	铁岭	5035.6	4924.9	4624.9	4578.3	3882.5	4643.0	5039.9	5374.8
	沈阳	6487.2	6300.4	6062.8	5614.5	4417.9	6066.6	6613.0	6886.2
	辽阳	7632.8	7492.2	6967.4	6632.5	5592.2	6529.8	7493.8	7718.0
	盘锦	5766.9	5342.6	5022.4	4553.9	4001.5	4826.9	5936.7	6254.6
	营口	6929.6	6757.4	6257.4	5752.1	5081.0	6429.7	6949.0	7362.9
	鞍山	8026.4	7974.0	7663.5	7467.7	6467.7	7343.6	8047.2	8693.0

续表

区域	地市	S_5	S_{10}	S_{20}	S_{30}	S_{50}	S_d	S_n	S_w
辽东山区	本溪	6904.4	6497.1	5988.0	5463.8	5427.0	5898.9	6538.4	7344.6
	抚顺	6468.8	6378.4	5883.0	5622.7	5022.7	5678.1	7378.7	7645.4
	丹东	5024.7	4632.6	4303.9	4261.7	4041.9	4885.4	5028.1	5133.6
南部地区	大连	5474.2	5372.7	4469.0	4273.8	3943.8	4356.9	5358.9	5422.6

5.3.3 不同情景模式下旱灾风险动态评估

在利用APSIM作物生长模型模拟不同人为设置情景或不同典型年情景模式下的玉米粮食产量的基础上，再利用4.4.2构建的基于APSIM模型的农业因旱损失模型计算不同情景模式下潜在的因旱粮食损失及其损失率，并用其表征动态旱灾风险。

图5.4所示是2009年6月1日不同情景模式下玉米潜在因旱损失风险分布情况。从2009年6月1日开始，未来5天无有效降水时(S_5)，辽宁全省各地市玉米潜在因旱损失率均在5%以内，风险较低。未来10天无有效降水时(S_{10})，除朝阳和铁岭市外，其他地市玉米潜在因旱损失率仍在10%以下，此时是玉米出苗期，作物需水量比较小，再加上前期土壤底墒的作用，持续时间不是很长的天然降水亏缺不会产生明显减产影响，旱灾风险仍较低，而朝阳和铁岭之所以出现潜在因旱粮食损失率超过10%，是由于这两个地市旱情在5月中下旬就开始显现。未来20天无有效降水时(S_{20})，辽宁全省各地市玉米潜在因旱损失率均有所增加，旱灾风险逐渐加大，其中朝阳和铁岭潜在因旱损失率超过20%，沈阳、辽阳、盘锦、营口、大连5个地市的潜在因旱损失率接近10%，其他地市处于10%～20%。与未来20天无有效降水情景(S_{20})相比，未来30天无有效降水情景下(S_{30})辽宁全省各地市潜在因旱损失率均明显增加，但风险空间分布情况类似，朝阳和铁岭的风险仍最高，潜在因旱损失率分别为30.23%和31.16%。而在未来50天无有效降水时(S_{50})，各地市潜在因旱损失率均在40%以上，铁岭、阜新、锦州、大连在50%～60%，朝阳则高达60.41%。这一情景下之所以旱灾风险高，这是由于从6月1日之后的50天，是玉米的拔节期和抽雄期，玉米在这两个生育阶段需水量占全生育期总需水量的55%，持续的异常干旱严重影响玉米生长发育，甚至导致玉米生长停滞。当2009年6月1日开始为干旱年情景时(S_d)，旱灾风险最高，除葫芦岛、盘锦和丹东外，其他地市潜在因旱损失率均在50%以上，阜新和铁岭超过70%。在平水年(S_n)情景下，全省各地市玉米潜在因旱损失率均在10%以下，部分地市甚至还出现产量增加的现象。而在丰水年(S_w)情景下，全省各地市玉米均没有出现因旱减产的现象，均呈现一定程度的增产。

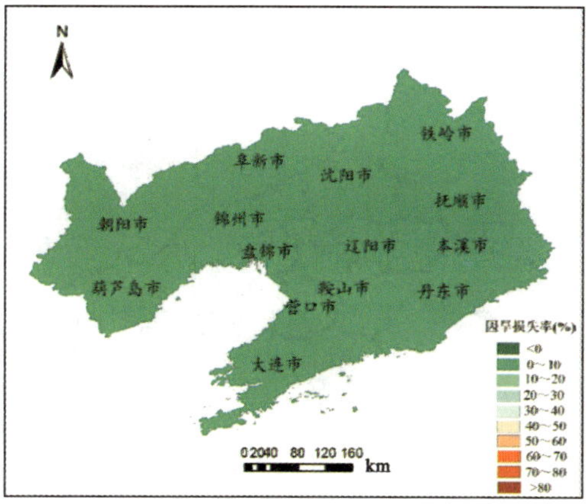

(a) S_5

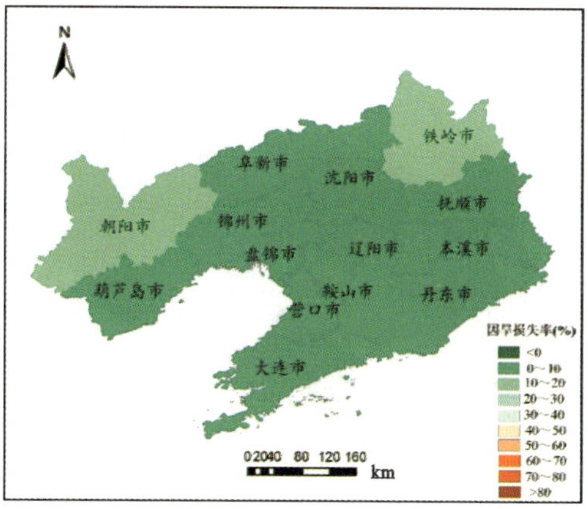

(b) S_{10}

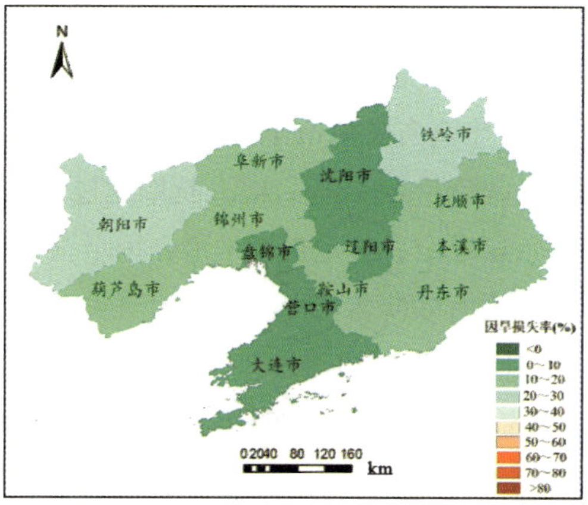

(c) S_{20}

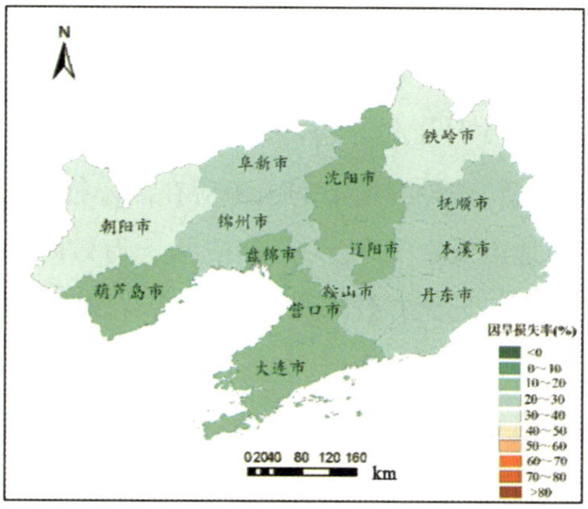

(d) S_{30}

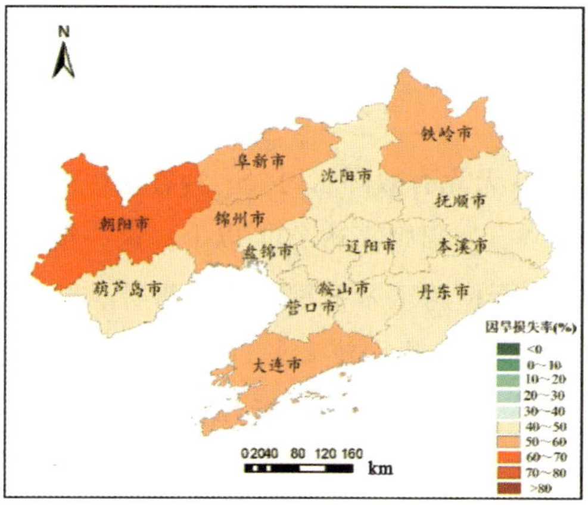

(e) S_{50}

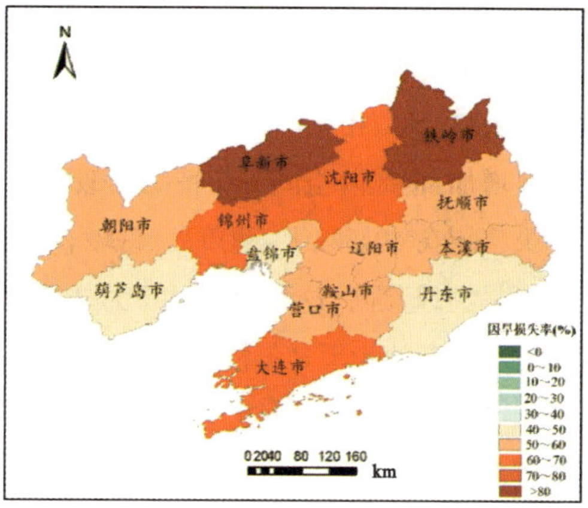

(f) S_d

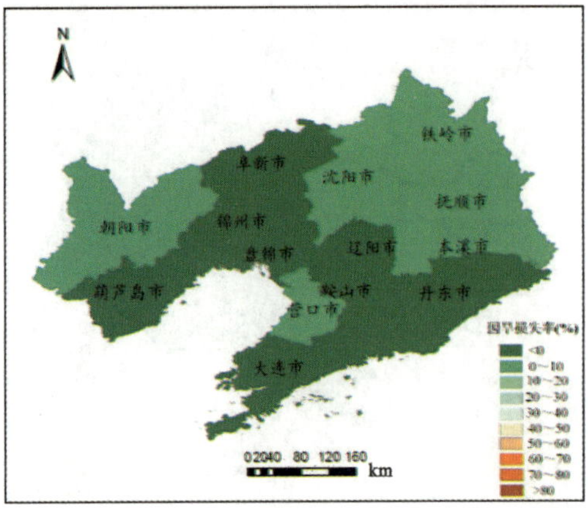

(g)S_n

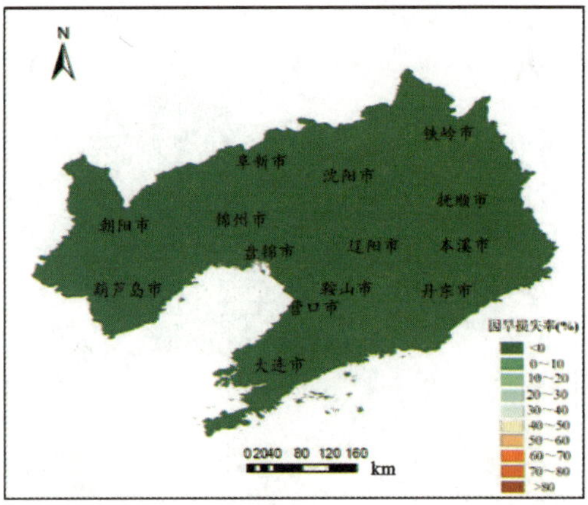

(h)S_w

图 5.4　2009 年 6 月 1 日不同情景模式下玉米潜在因旱损失风险分布

图 5.5 所示是 2009 年 7 月 1 日不同情景模式下玉米潜在因旱损失风险分布情况。从 2009 年 7 月 1 日开始，未来 5 天无有效降水时(S_5)，辽宁全省各地市旱灾风险有所不同，朝阳、阜新、铁岭 3 地市的玉米潜在因旱损失率超过 20%，葫芦岛、锦州、沈阳、抚顺超过 10%，其他地市低于 10%。未来 10 天无有效降水时(S_{10})，辽宁全省各地市玉米潜在因旱损失率较未来 5 天无有效降水时(S_5)略有增加。未来 20 天无有效降水时(S_{20})，玉米旱灾风险显著增大，除盘锦、营口、大连外，辽宁全省各地市潜在因旱损失率均超过 20%，其中朝阳潜在因旱损失率超过 50%，阜新、铁岭超过 40%，葫芦岛、锦州、抚顺超过 30%。之所以 S_{20} 情景下因旱减灾明显，是由于从 7 月上旬和中旬正值玉米抽穗期，即玉米从营养生长(根和茎、叶等的生长)转向生殖生长(开花、结果)，这是玉米一生中生长发育最快，也对养分、水分、温度、光照要求最多的时期，此阶段需水量为 150mm 左右，占全生育期总需水量的 1/3，是决定玉米产量最关键时期，此阶段作物水分严重亏缺将可能造成较大减产。与未来 20 天无有效降水情景(S_{20})相比，未来 30 天无有效降水情景下(S_{30})辽宁全省各地市潜在因旱损失率均明显增加，但风险空间分布情况类似。而在未来 50 天无有效降水时(S_{50})，各地市潜在因旱损失率均在 40%以上，葫芦岛、铁岭、阜新超过 60%，朝阳则高达 70%以上。这一情景下之所以旱灾风险高，这是由于从 7 月 1 日之后的 50 天横跨玉米抽雄期和乳熟期。当 2009 年 7 月 1 日开始为干旱年情景时(S_d)，除阜新市外，旱灾风险均较未来 50 天无有效降水情景(S_{50})要小。在平水年(S_n)和丰水年(S_w)情景下，旱灾风险分布相近，略有差异，各地有不同程度的因旱减产，这与 6 月 1 日评估时各地市出现增产的情况不同。

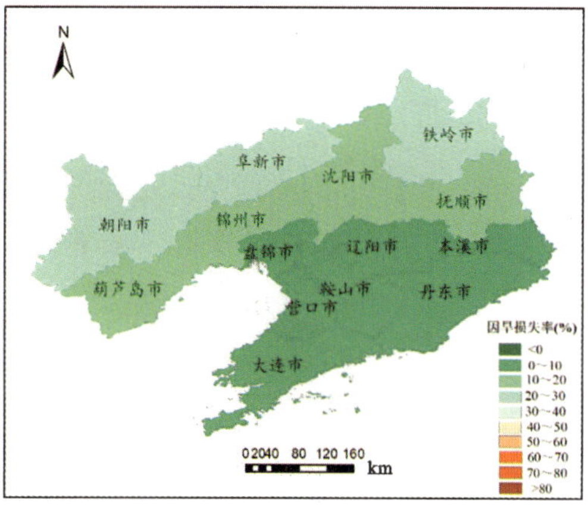

(a) S_5

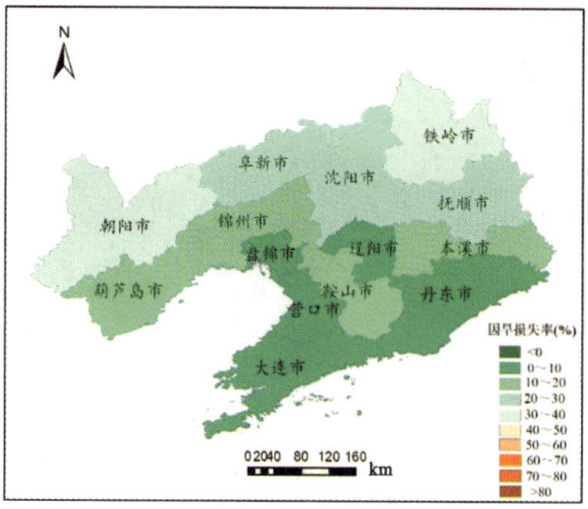

(b) S_{10}

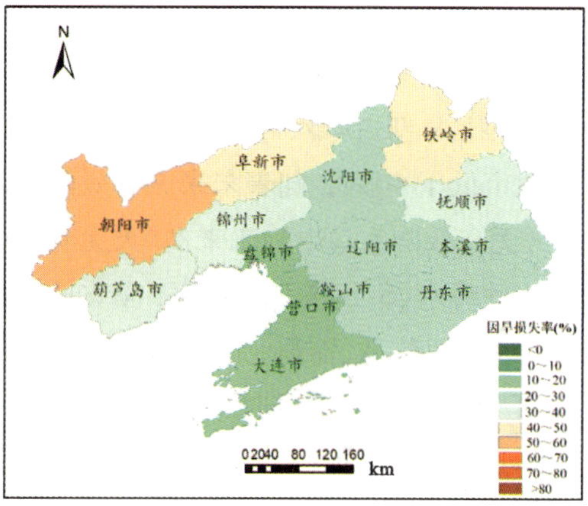

(c) S_{20}

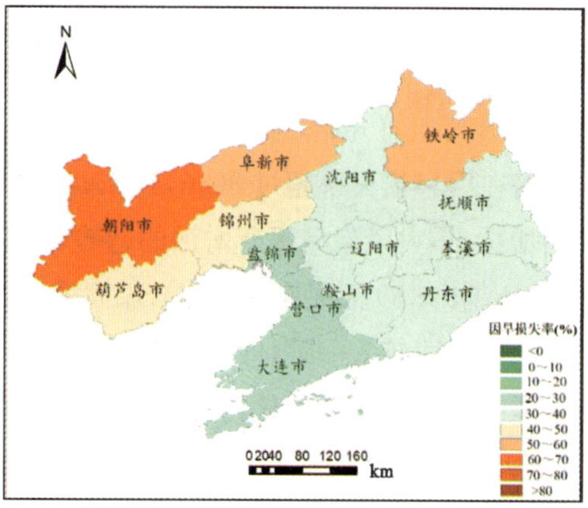

(d) S_{30}

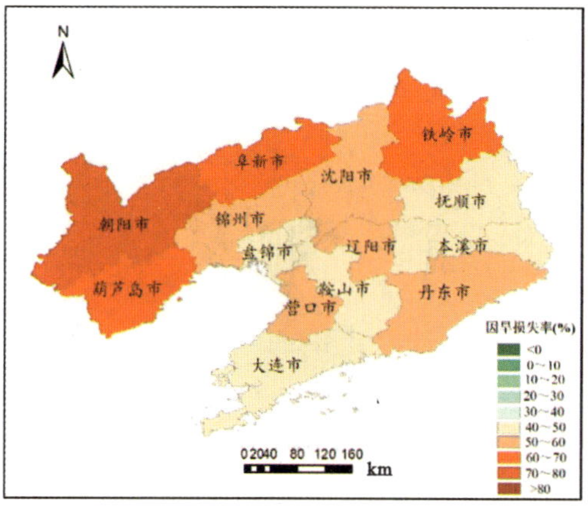

(e) S_{50}

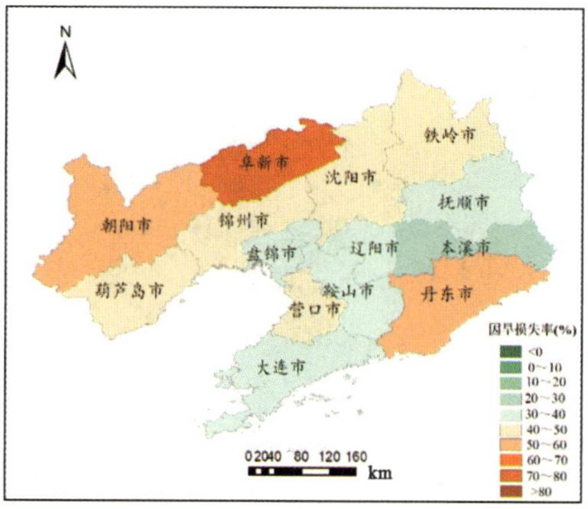

(f) S_d

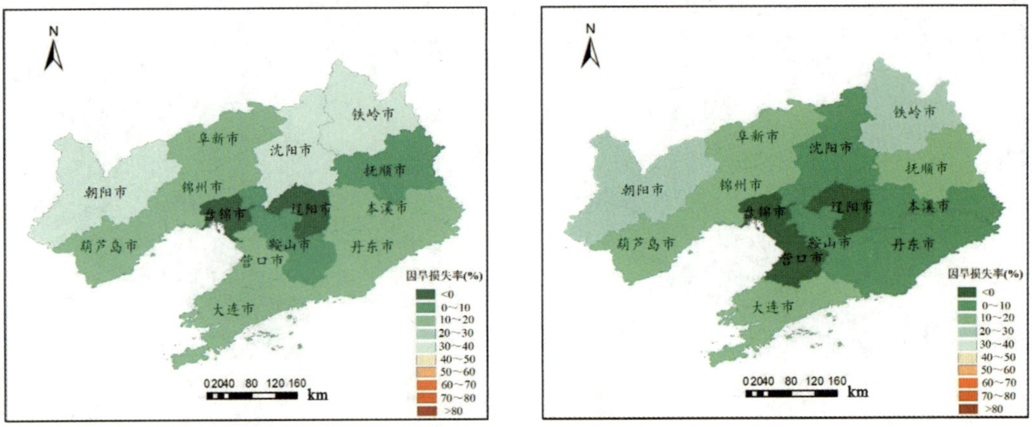

(g)S_n (h)S_w

图 5.5 2009 年 7 月 1 日不同情景模式下玉米潜在因旱损失风险分布

图 5.6 所示是 2009 年 8 月 1 日不同情景模式下玉米潜在因旱损失风险分布情况。从 2009 年 8 月 1 日开始，未来 5 天无有效降水时(S_5)，朝阳、阜新、铁岭、锦州、葫芦岛等地市的玉米潜在因旱损失率超过 30%，辽阳、盘锦、营口等地市低于 10%。随着未来无有效降水时间的增长，旱灾风险呈逐渐增加的趋势，但未来 10 天无有效降水(S_{10})、未来 20 天无有效降水(S_{20})、未来 30 天无有效降水(S_{30})、未来 50 天无有效降水(S_{50})等不同情景下旱灾风险的空间分布规律较为一致，即辽宁西部和北部的朝阳、阜新、葫芦岛、锦州、沈阳、铁岭等地市的旱灾风险显著高于其他地区。当 2009 年 8 月 1 日开始为干旱年情景时(S_d)，除个别地市外，旱灾风险均较未来 50 天无有效降水情景(S_{50})要小。在平水年(S_n)和丰水年(S_w)情景下，各地有不同程度的因旱减产，旱灾风险分布基本相近。

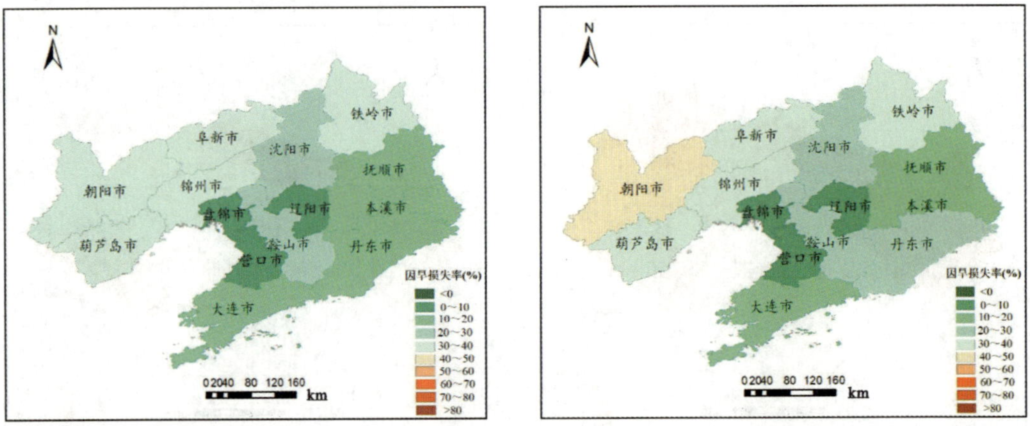

(a)S_5 (b)S_{10}

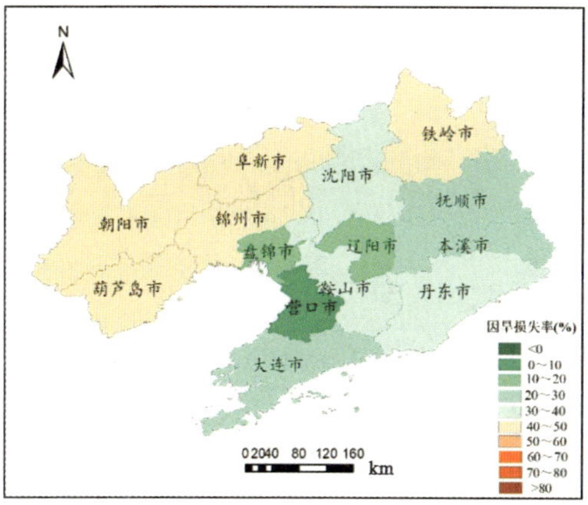

(c) S_{20}

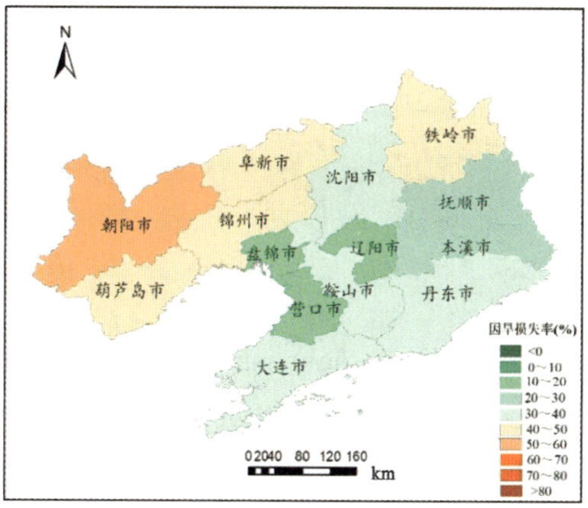

(d) S_{30}

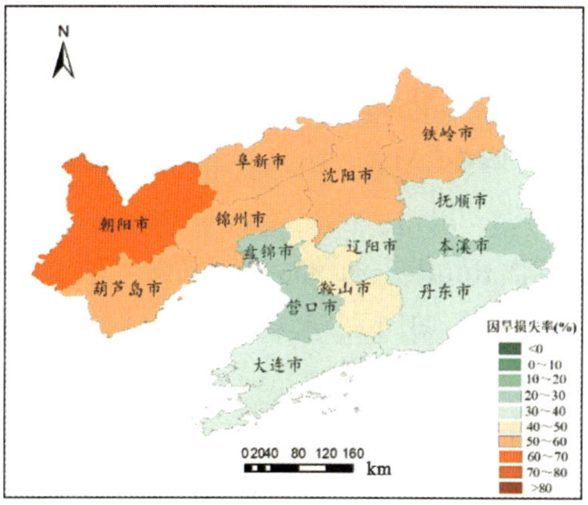

(e) S_{50}

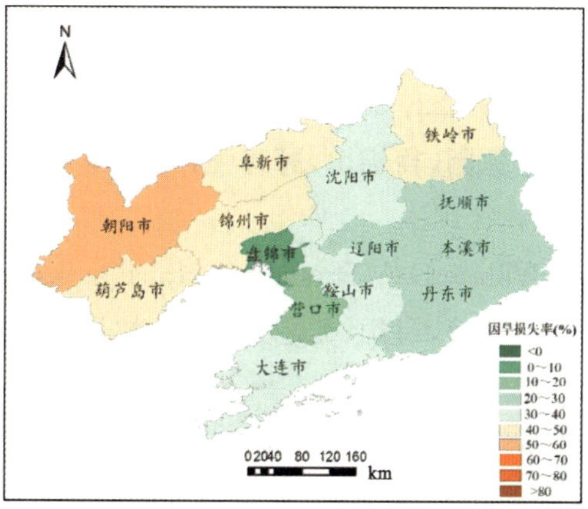

(f) S_d

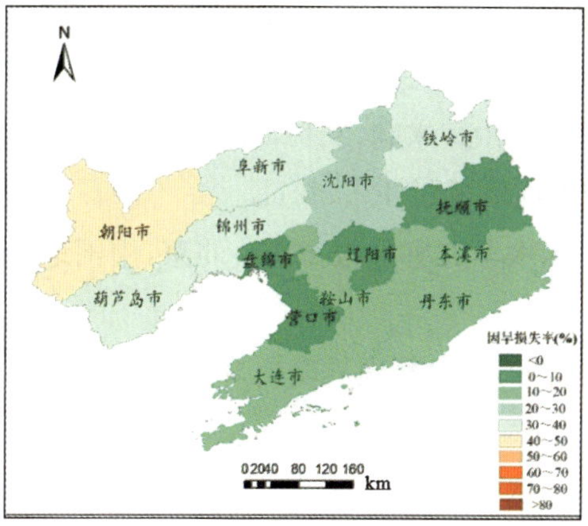

(g) S_n

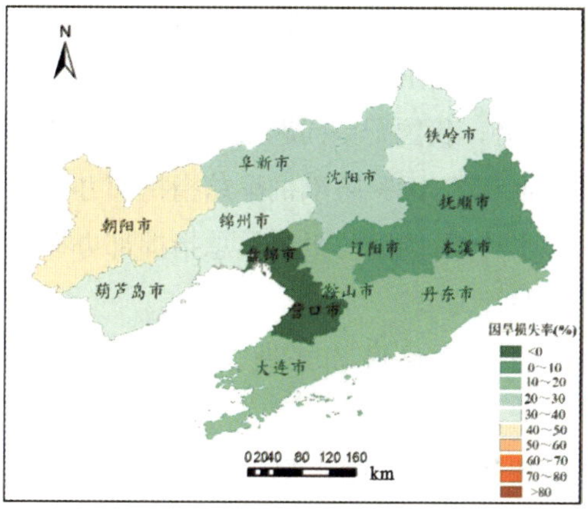

(h) S_w

图 5.6　2009 年 8 月 1 日不同情景模式下玉米潜在因旱损失风险分布

参考文献

[1] UNISDR. Droughtrisk reduction framework and practices: Contributing to the implementation of the Hyogo framework for action[R]. Geneva: United Nations secretariat of the International Strategy for Disaster Reduction (UNISDR), 2009:1-6.

[2] Mishra A K, Singh V P. A review of drought concepts [J]. Journal of Hydrology, 2010, 391(1):202-216.

[3] Wilhite D A. 1996. A methodology for drought preparedness. Natural Hazards [J]. 13(3):229-252.

[4] 李原园,梅锦山,郦建强,等．旱灾风险评估与调控[M]．北京:中国水利水电出版社,2017.

[5] Wilhite D A. Drought: a global assessment [M]. Routledge, 2000.

[6] 屈艳萍,吕娟,苏志诚,等．抗旱减灾研究综述及展望[J]．水利学报,2018,49(1):115-125.

[7] Wilhite D A, Svoboda M D, Hayes M J, et al. Understanding the complex impacts of drought: a key to enhancing drought mitigation and preparedness [J]. Water Resources Management, 2007, 21(5):763-774.

[8] 亚行技援中国干旱管理战略研究课题组．中国旱灾风险管理战略研究[M]．北京:中国水利水电出版社,2011.

[9] 吕娟．我国干旱问题及旱灾管理的思路转变[J]．中国水利,2013, 8:7-13.

[10] 水利部,国家防汛抗旱总指挥部办公室．全国抗旱规划[R]．2011.

[11] 水利部,国家防汛抗旱总指挥部办公室．中国水旱灾害公报 2016．北京:中国地图出版社,2017.

[12] 屈艳萍,吕娟,苏志诚．基于风险分析的中国旱灾风险管理战略框架构建[J]．人民黄河,2014,36(4).

[13] 程晓陶．加强水旱灾害管理的战略需求与治水方略的探讨[J]．水利学报,2008,39(10):1197-1203.

[14] 顾颖．风险管理是干旱管理的发展趋势[J]．水科学进展,2006,17(2):295-298.

[15] Munger T T. Graphic method of representing and comparing drought intensities [J]. Monthly Weather Review, 1916, 44:642-643.

[16] Kincer J B. The seasonal distribution of precipitation and its frequency and intensity in the United States [J]. Monthly Weather Review,1919,47:624-631.

[17] Blumenstock G J. Drought in the United States analyzed by means of the theory of probability[R]. USDA Tech. Bull. 819,1942:63.

[18] Jadhav M G, Aher H V, Jadhav A S, et al. Crop Planning Based on Moisture Adequacy Index (MAI) of Different Talukas of Aurangabad District of Maharashtra [J]. Indian Journal of Dryland Agricultural Research & Development, 2015, 30 (1):101.

[19] Kumar G, Srinivasan D. Climatic Water Balance Study and Drought assessment in Kallar Watershed, Tamil Nadu, India[J]. International Journal of Earth Sciences & Engineering,2016,9(3):958-962.

[20] Hänsel S, Schucknecht A, Matschullat J. The Modified Rainfall Anomaly Index (mRAI)—is this an alternative to the Standardised Precipitation Index (SPI) in evaluating future extreme precipitation characteristics? [J]. Theoretical & Applied Climatology,2016,123(3):827-844.

[21] Mohammadi B, Mehdipanah H. Evaluation of drought and rainfall deciles standard in East Azerbaijan province[C]. International Conference on New Ideas in Agriculture, Ardabil, Iran. 2015.

[22] Cornel N, Man T E, Armaş A, et al. Characterization of agricultural droughts using standardized precipitation index (SPI) and bhalme-mooley drought index (BDMI) [J]. Environmental Engineering & Management Journal,2015,14(6):1441-1454.

[23] Loon A F V, Laaha G. Hydrological drought severity explained by climate and catchment characteristics [J]. Journal of Hydrology,2015,526:3-14.

[24] Zhang B, Zhao X, Jin J, et al. Development and evaluation of a physically based multiscalar drought index: The Standardized Moisture Anomaly Index [J]. Journal of Geophysical Research Atmospheres,2015,120(22):n/a-n/a.

[25] Palmer W C. Meteorologic drought [M]. Washington: U. S. Department of Commerce,1965.

[26] Ramírez A J F, Coelho R D, Pizani M A M, et al. Determination of crop water stress index for tomato cherry (Lycopersicum solanum var. cerasiforme.) using a thermal camera [J]. Revista Brasileira De Agricultura Irrigada,2015.

[27] Jang S H, Lee J K, Ji H O, et al. The Probabilistic Drought Forecast Based on the Ensemble Technique Using the Korean Surface Water Supply Index [J]. 2017:1-51.

[28] 蒋桂琴．干旱驱动机制研究[D]. 中国水利水电科学研究院,2013.

[29] Mckee T B, Doesken N J, Kliest J. The relation-ship of drought frequency and dura-

tion to time scales:Proceedings of the 8th Conference on Applied Climatology [C]. Boston:American Meteorological Society,1993:179-182.

[30] Shukla S, Wood A W. Use of a standardized runoff index for characterizing hydrologic drought [J]. Geophysical Research Letters,2008,35(2):226-236.

[31] Song X,Li L,Fu G,et al. Spatial-temporal variations of spring drought based on spring-composite index values for the Songnen Plain, Northeast China [J]. Theoretical & Applied Climatology,2014,116(3):371-384.

[32] 水利部. 区域旱情等级(GB/T 32135—2015). 北京:中国标准出版社,2015.

[33] 闫桂霞,陆桂华. 基于 PDSI 和 SPI 的综合气象干旱指数研究[J]. 水利水电技术,2009,40(4):10-13.

[34] 许继军,杨大文,等. 长江上游干旱评估方法初步研究[J]. 人民长江,2008,39(11):1-5.

[35] Bredemeier C. Research tests the relations between normalized difference vegetation index (NDVI) and grain yield of four wheat cultivars [J]. Ciência Rural, 2013, 43(7):27-35.

[36] Jiao W,Zhang L,Chang Q,et al. Evaluating an Enhanced Vegetation Condition Index (VCI) Based on VIUPD for Drought Monitoring in the Continental United States [J]. Remote Sensing,2016,8(3):224.

[37] Zhang L,Jiao W,Zhang H,et al. Studying drought phenomena in the Continental United States in 2011 and 2012 using various drought indices [J]. Remote Sensing of Environment,2017,190:96-106.

[38] Tian M, Wang P, Khan J. Drought Forecasting with Vegetation Temperature Condition Index Using ARIMA Models in the Guanzhong Plain [J]. Remote Sensing,2016,8(9).

[39] Nichol J E,Abbas S. Integration of remote sensing datasets for local scale assessment and prediction of drought. [J]. Science of the Total Environment,2015,505:503.

[40] Zormand S,Jafari R,Koupaei S S. Assessment of PDI,MPDI and TVDI drought indices derived from MODIS Aqua/Terra Level 1B data in natural lands[J]. Natural Hazards,2017,86:1-21.

[41] Mishra A K,Singh V P. Drought modeling-A review [J]. Journal of Hydrology,2011,403:157-175.

[42] Chen L,Singh V P,Guo S,et al. Drought Analysis Using Copulas [J]. Journal of Hydrologic Engineering,2013,1(7):797-808.

[43] 程亮,金菊良,郦建强,等. 干旱频率分析研究进展[J]. 水科学进展,2013,24(2):

296-302.

[44] Yevjevich. An objective approach to definitions and investigations of continental hydrologic droughts [M]. Denver:Colorado State University,1967.

[45] Shiau J T. Fitting drought duration and severity with two-dimensional copulas [J]. Water Resources Management,2006,20(5):795-815.

[46] Song S B,Singh V P. Meta-elliptical copulas for drought frequency analysis of periodic hydrologic data [J]. Stochastic Environmental Research and Risk Assessment, 2009,24(3):425-444.

[47] 周玉良,袁潇晨,周平,等．基于地下水埋深的区域干旱频率分析研究[J]. 水利学报, 2012,39(9):1075-1083.

[48] Andreadis K M,Clark E A,Wood E F,et al. Twentieth-Century drought in the conterminous United States [J]. Journal of Hydrometeorology,2005,6(6):985-1001.

[49] Wang A,Lettenmaier D P,Sheffield J. Soil moisture drought in China,1950-2006[J]. Journal of Climate,2011,24(13):3257-3271.

[50] 刘慧,田富强,汤秋鸿,等．基于水文模型和遥感的干旱评估和重建[J]. 清华大学学报:自然科学版,2013,(5):613-617.

[51] 许凯．我国干旱变化规律及典型引黄灌区干旱预报方法研究[D]. 清华大学, 2015.

[52] 谢平,李析男,陈丽,等．基于 WHMLUCC 水文模型的非一致性干旱频率计算方法(Ⅰ):原理与方法[J]. 华北水利水电大学学报(自然科学版),2016,37(1):1-5.

[53] 李析男,谢平,陈丽,等．基于 WHMLUCC 水文模型的非一致性干旱频率计算方法(Ⅱ):作物缺水干旱指标在无定河流域的应用[J]. 华北水利水电大学学报(自然科学版),2016,37(2):16-21.

[54] Hayes M J,Wilhelmi O V,Knutson CL. Reducing drought risk:Bridging theory and practice [J]. Natural Hazards,2004,5(2):106-113.

[55] UNISRD. Living with Risk:An Integrated Approach to Reducing Societal Vulnerability to Drought[R]. ISDR Ad Hoc Discussion Group on Drought, 2005.

[56] Dracup J A, Lee K S, Paulson E G. On the definition of droughts [J]. Water Resources Research, 1980, 16(2):297-303.

[57] Mishara, A. K. , Sighh, V P. A review of drought concepts [J]. Journal of Hydrology, 2010,391(1-2):202-216.

[58] 金菊良,宋占智,崔毅,等．旱灾风险评估与调控关键技术研究进展[J]. 水利学报, 2016,47(3):398-412.

[59] 严登华,翁白莎,等．区域干旱形成机制与风险应对[M]. 北京:科学出版社,2014.

[60] 尹占娥, 许世远．城市自然灾害风险评估研究[M]. 北京:科学出版社,2012.

［61］ Ganguli P, Reddy MJ. Riskassessment of droughts in Gujarat using bivariate copulas [J]. Water Resources Management, 2012, 26:3301-3327.

［62］ Hao L, Zhang XY, Liu SD. Risk assessment to China's agricultural drought disaster in county unit[J]. Natural Hazards, 2012, 61(2):785-801.

［63］ 刘亚彬，刘黎明，许迪，等．基于信息扩散理论的中国粮食主产区水旱灾害风险评估[J]．农业工程学报，2010，26(8)：1-7.

［64］ 欧阳蔚，于艳青，金菊良，等．基于信息扩散与自助法的旱灾风险评估模型——以安徽为例[J]．灾害学，2015(1):228-234.

［65］ 许凯，徐翔宇，李爱花，等．基于概率统计方法的承德市农业旱灾风险评估[J]．农业工程学报，2013，29(14):139-146.

［66］ 杜云，蒋尚明，金菊良，等．淮河流域农业旱灾风险评估研究[J]．水电能源科学，2013(4):1-4.

［67］ 王亚许，吕娟，孙洪泉，等．基于 APSIM 模型的辽宁省玉米旱灾风险评估[J]．灾害学，2017，32(3):230-234.

［68］ 屈艳萍，郦建强，吕娟，等．旱灾风险定量评估总体框架及其关键技术[J]．水科学进展，2014，25(2)：297-304.

［69］ 张继权，刘兴明，严登华．综合灾害风险管理导论[M]．北京:北京大学出版社，2012.

［70］ 金冬梅，张继权，韩俊山．吉林省城市干旱缺水风险评价体系与模型研究[J]．自然灾害学报，2005，14(6):100-104.

［71］ Shahid S, Behrawan H. Drought risk assessment in the western part of Bangladesh [J]. Natural Hazards, 2008, 46:391-413.

［72］ Wu J, He B, Lü A, et al. Quantitative assessment and spatial characteristics analysis of agricultural drought vulnerability in China[J]. Natural Hazards, 2011, 56(3):785-801.

［73］ He B, Wu J, Lü A, et al. Quantitative assessment and spatial characteristic analysis of agricultural drought risk in China [J]. Natural Hazards, 2013, 66(2):155-166.

［74］ Kim H, Park J, Yoo J, et al. Assessment of drought hazard, vulnerability, and risk: A case study foradministrative districts in South Korea [J]. Journal of Hydro-environment Research, 2015, 9(1):28-35.

［75］ Elagib N A. Development and application of a drought risk index for food crop yield in Eastern Sahel[J]. Ecological Indicators, 2014, 43(3):114-125.

［76］ 单琨，刘布春，刘园，等．基于自然灾害系统理论的辽宁省玉米干旱风险分析[J]．农业工程学报，2012，28(8):186-194.

［77］ 秦越，徐翔宇，许凯，等．农业旱灾风险模糊评价体系及其应用[J]．农业工程学报，

2013,29(10):83-91.

[78] 屈艳萍,高辉,吕娟,等. 基于区域灾害系统论的中国农业旱灾风险评估[J]. 水利学报,2015,46(8):908-917.

[79] 王莺, 沙莎, 王素萍,等. 中国南方旱灾风险评估[J]. 草业学报, 2015, 24(5):12-24.

[80] 金菊良, 郦建强, 周玉良,等. 旱灾风险评估的初步理论框架[J]. 灾害学, 2014(3):1-10.

[81] 屈艳萍, 吕娟, 程晓陶,等. 干旱相关概念辨析[J]. 中国水利水电科学研究院学报, 2016, 14(4):241-247.

[82] Dracup J A, Lee K S, Paulson E G. On the definition of droughts [J]. Water Resources Research, 1980, 16(2):297-303.

[83] 李佩成. 试论干旱[J]. 干旱地区农业研究,1984,(2):4-17.

[84] 任尚义. 干旱概念探讨[J]. 干旱地区农业研究,1991,(1):78-80.

[85] 国家防汛抗旱总指挥部办公室. 中国水旱灾害[M]. 北京:中国水利水电出版社,1997.

[86] 冯德光. 干旱和旱灾研究中应更新的几个概念[J]. 海河水利,1998,(6):35-36.

[87] 张钰,徐德辉. 关于干旱与旱灾概念的探讨[J]. 发展,2001,(9):14-16.

[88] 郑大玮. 论科学抗旱——以 2009 年的抗旱保麦为例[J]. 灾害学,2010,25(1):7-12.

[89] Donald A. Wilhite. Drought and Water Crises:Science, Technology, and Management Issues [C]. CRC Press,2005.

[90] Quiring S M. Developing Objective Operational Definitions for Monitoring Drought [J]. Journal of Applied Meteorology & Climatology, 2010,48(6):1217.

[91] 李克让. 中国旱灾研究及减灾对策[M]. 河南科学技术出版社,1999.

[92] Hare F K. Climate and Desertification. WCP-44,1983.

[93] 马治国,陈惠. 福州市地表干湿分布特征及其与农业干旱的关系[J]. 气象科技,2008,36(1):82-86.

[94] Abbe C. Drought [J]. Monthly Weather Review,1894,22:323-324.

[95] Havens AV. Drought and Agriculture [J]. Weatherwise,1954,7:51-55.

[96] WMO. Report on Drought and Countries Affected by Drought During 1974-1985 [R]. WMO,Geneva,1986.

[97] UNISRD. Living with Risk:An Integrated Approach to Reducing Societal Vulnerability to Drought[R]. ISDR Ad Hoc Discussion Group on Drought,2005.

[98] European Drought Centre. http://www. geo. uio. no/edc/

[99] 刘梅. 我国东部地区气候变化模拟预测与典型流域水文水质响应研究[D]. 浙江大学, 2015.

[100] 谢应齐．关于干旱指标的研究[J]．自然灾害学报,1993,2(2):55-62.

[101] Heim Jr.,Richard R. A review of twentieth-century drought Indices used in the United States [J]. Bulletin of the American Meteorological Society, 2002,83(8): 1149-1165.

[102] 袁文平,周广胜．干旱指标的理论分析与研究展望[J]．地理科学进展,2004,19(6): 982-991.

[103] 刘庚山,郭安红,安顺清,等．帕默尔干旱指标及其应用研究进展[J]．自然灾害学报, 2004,13(4):21-27.

[104] 王劲松,郭江勇,周跃武,等．干旱指标研究的进展与展望[J]．干旱区地理,2007,30 (1):60-65.

[105] 侯英雨,何延波,柳钦火,等．干旱监测指数研究[J]．生态学杂志,2007,26(6): 892-897.

[106] 张俊,陈桂亚,杨文发．国内外干旱研究进展综述[J]．人民长江,2011,42(10): 65-69.

[107] Mishra A K, Singh V P. Drought modeling - A review [J]. Journal of Hydrology, 2011, 403(1):157-175.

[108] 吕娟,屈艳萍,等．重庆市旱灾脆弱性分析[J]．中国水利,2006,(23):30-32.

[109] 水利部．旱灾等级标准(SL 663—2014)．北京:中国水利水电出版社,2014.

[110] 国家防汛抗旱总指挥部办公室．防汛抗旱专业干部培训教材[M]．北京:中国水利水电出版社, 2010.

[111] 何斌, 武建军, 吕爱锋．农业干旱风险研究进展[J]．地理科学进展,2010,29(5): 557-564.

[112] Smith K. Environmental Hazards: Assessing Risk and Reducing Disaster(2nd edition)[M]. New York: Routledge, 1996.

[113] Shrestha B P. Uncertainty in risk analysis of water resources systems under climate change. In: Bogardi JJ, Kundzewicz Z W. Risk. Reliability, Uncertainty and Robustness of Water Resources systems, UNESCO International Hydrology Series. Cambridge University Press, 2002: 153-160.

[114] Maskrey A. Disaster Mitigation: A Community Based Approach [M]. Oxfam, 1989.

[115] 黄崇福．自然灾害风险评价理论与实践[M]．北京:科学出版社,2004.

[116] Tobin G A, Montz B E. Natural Hazards: Explanation and Integration [M]. New York: The Guilford Press, 1997.

[117] Deyle R E, Freneh S P, Olshans R B. Hazard Assessment: The factual basis for Planning and mitigation [M]. Washington D C: Joseph Henry Press, 1998.

[118] Einstein H H. Landslide risk management procedure. In:Bonnard C. Proceedings of the Fifth International Symposium on Landslide, Vol. 2 Lausanne, Switzerland, 1988:1075-1090.

[119] 王春乙,张继权,霍治国,等．农业气象灾害风险评估研究进展与展望[J]. 气象学报, 2015(1):1-19.

[120] 黄崇福．自然灾害风险分析与管理[M]. 北京:科学出版社,2012.

[121] 常文娟,梁忠民．信息扩散理论在农业旱灾风险率分析中的应用[J]. 水电能源科学, 2009,27(6):185-187.

[122] 孙才志,张翔．基于信息扩散技术的辽宁省农业旱灾风险评价[J]. 农业系统科学与综合研究,2008,24(4):507-510.

[123] 张竞竞．基于信息扩散理论的河南省农业旱灾风险评估[J]. 资源科学, 2012,34(2):280-286.

[124] 杜晓燕,黄岁樑,赵庆香．基于信息扩散理论的天津旱涝灾害危险性评估[J]. 灾害学,2009,24(1):22-25.

[125] 屈艳萍,苏志诚,孙洪泉,等．基于信息扩散技术的黑龙江省农业旱灾风险分析[J]. 中国防汛抗旱,2013,23(3):49-52.

[126] 黄崇福,王家鼎．模糊信息优化处理技术及其应用[M]. 北京:北京航空航天大学出版社,1995.

[127] Huang C F, Moraga Claudio. Extracting fuzzy if-then rules by using the information matrix technique[J]. Journal of Computer and System Sciences, 2005, 70(1):26-52.

[128] Feng L H, Huang C F. A risk assessment model of water shortage based on information diffusion technology and its application in analyzing carrying capacity of water resources[J]. Water Resources Manage, 2008, 22:621-633.

[129] 张继权,冈田宪夫,多多纳裕一．综合自然灾害风险管理——全面整合的模式与中国的战略选择[J]. 自然灾害学报,2006,15(1):29-37.

[130] 刘宁．中国水文水资源常态与应急统合管理探析[J]. 水科学进展,2013,24(2):280-286.

[131] 刘占军,李书田,周卫,等．不同施氮方式对春玉米产量、氮素吸收及经济效益的影响[J]. 中国土壤与肥料,2012(3):59-64.

[132] 水利部松辽水利委员会．东北区水旱灾害[M]. 长春:吉林人民出版社,2003.

[133] 辽宁省水利厅．辽宁省抗旱规划[R]. 2010.

[134] 辽宁省水利厅．2006 年辽西北地区特大伏旱[M]. 沈阳:辽宁科学技术出版社,2007.

[135] 辽宁省水利厅．抗御 2009 年干旱实录[M]. 沈阳:辽宁科学技术出版社,2010.

[136] 中国气象局. 气象干旱等级标准(GB/T 20481—2017). 北京:中国标准出版社,2017.

[137] 幺枕生,丁裕国. 气候统计[M]. 北京:气象出版社,1990.

[138] 王文圣,向红莲,李跃清,等. 基于集对分析的年径流丰枯分类新方法[J]. 工程科学与技术,2008,40(5):1-6.

[139] Zarch M A A,Sivakumar B,Sharma A. Droughts in a warming climate:A global assessment of Standardized precipitation index (SPI) and Reconnaissance drought index (RDI)[J]. Journal of Hydrology,2015,526:183-195.

[140] Li J,Zhou S,Hu R. Hydrological Drought Class Transition Using SPI and SRI Time Series by Loglinear Regression [J]. Water Resources Management,2016,30(2):669-684.

[141] 黄晚华,杨晓光,李茂松,等. 基于标准化降水指数的中国南方季节性干旱近 58 年演变特征[J]. 农业工程学报,2010,26(7):50-59.

[142] 李斌,解建仓,胡彦华,等. 基于标准化降水指数的陕西省干旱时空变化特征分析[J]. 农业工程学报,2017,33(17):113-119.

[143] Begueriaportugues S,Vicenteserrano S M,Lópezmoreno J I,et al. The SPEIbase:a new gridded product for the analysis of drought variability and drought impacts[J]. European Meterological Society,2010.

[144] Shiau J T,Shen H W. Recurrence Analysis of Hydrologic Droughts of Differing Severity [J]. Journal of Water Resources Planning & Management,2001,127(1):30-40.

[145] Asseng S,Dunin F X,Fillery I R P, et al. Potential deep drainage under wheat crops in a Mediterranean climate. II. Management opportunities to control drainage [J]. Crop & Pasture Science,2000,52(1):57-66.

[146] 任新茂. 密度和秸秆覆盖对旱地玉米产量和农田水分影响的模拟研究[D]. 中国农业科学院,2016.

[147] Keating B A,Wafula B M,Watiki J M. Development of a modelling capability for maize in semi-arid eastern Kenya[J]. Aciar Proceedings,1992.

[148] 沈禹颖,南志标,Bill Bellotti,等. APSIM 模型的发展与应用[J]. 应用生态学报,2002,13(8):1027-1032.

[149] Keating B A,Carberry P S,Hammer G L,et al. An overview of APSIM,a model designed for farming systems simulation [J]. European Journal of Agronomy,2003,18(3):267-288.

[150] O'Leary G J. A review of three sugarcane simulation models with respect to their prediction of sucrose yield [J]. Field Crops Research,2000,68(2):97-111.

[151] Jones J W, Keating B A, Porter C H. Approaches to modular model development [J]. Agricultural Systems, 2001, 70(2): 421-443.

[152] 赵俊芳,蒲菲堉,闫伟兄,等. 基于 APSIM 模型识别气象因子对内蒙春小麦潜在产量的影响[J]. 生态学杂志,2017,36(3):757-765.

[153] 王琳,郑有飞,于强,等. APSIM 模型对华北平原小麦—玉米连作系统的适用性[J]. 应用生态学报,2007,18(11):2480-2486.

[154] Holzworth D P, Huth N I, e Voil P G, et al. APSIM-evolution towards a new generation of agricultural systems simulation [J]. Environmental Modelling & Software, 2014, 62: 327-350.

[155] 刘志娟,杨晓光,王静,等. APSIM 玉米模型在东北地区的适应性[J]. 作物学报,2012,38(4):740-746.

[156] 戴彤,王靖,赫迪,等. 基于 APSIM 模型的气候变化对西南春玉米产量影响研究[J]. 资源科学,2016,38(1):155-165.

[157] 赵彦茜,齐永青,朱骥,等. APSIM 模型的研究进展及其在中国的应用[J]. 中国农学通报,2017,33(18):1-6.

[158] 赵俊芳,李宁,侯英雨,等. 基于 APSIM 模型评估北方八省春玉米生产对气候变化的响应[J]. 中国农业气象,2018,39(2):108-118.

[159] Allan R G, Pereira L S, Raes D, et al. Crop Evapotranspiration: Guidelines for Computing Crop Water Requirements. FAO Irrigation and Drainage Paper No. 56[J]. FAO, 1998, 56.